Ex dono auctoris

LE JARDINIER BOTANISTE,

OU

La maniere de cultiver toutes ſortes de Plantes, Fleurs, Arbres & Arbriſſeaux, avec leur uſage en Médecine ; enſemble toutes les Plantes étrangeres qui peuvent être propres pour l'embelliſſement des Jardins.

Diviſées & miſes en ordre Alphabetique

par Mr BESNIER.

A PARIS,
Chez CLAUDE PRUDHOMME, au ſixiéme Pilier de la Grand'Salle du Palais, vis-à-vis la Montée de la Cour des Aydes, à la Bonne-Foy couronnée.

M. DCCV.

AVEC PRIVILEGE DU ROY.

PREFACE.

CE n'est que parce que les inclinations & les jugements des hommes ont été differents, que chaque Autheur s'est occupé à traiter differentes matieres ; ainsi celui-là enchanté de la delicatesse de la Poësie, a formé un Mont presque inaccessible à tout autre qu'à Appollon & aux neuf Sœurs. Cet autre au contraire, charmé de la beauté de l'éloquence, a travaillé à former un excellent Orateur ; & le conduiſant par les longs degrez de cet Art, l'a fait parvenir juſqu'au plus haut point où on pût l'élever. Quelques-uns ont fait le Portrait d'un grand Prince ; & d'autres celui d'un ſage Capitaine. Tous ont travaillé pour leur propre interêt ; ceux-là pour l'ambiton , ceux-ci pour le gain , ſans s'embarraſſer de l'utilité publique.

Pour moi , degagé de toute vaine gloire & de tout autre interêt , j'ai crû devoir remplir une partie de mon tems par l'étude de quelque chose qui pût & être utile & recréer tout ensemble. C'est ce que l'on trouvera dans ce petit Livre de Botanique, où l'on verra par Chapitres tres-courts & suffisamment expliquez, la maniere & le tems de faire tout ce qui regarde les Plantes en lieu & saison.

On verra encore comme l'on doit planter, élever & cultiver toutes sortes de Plantes médecinales, Arbres & Arbrisseaux, avec leurs vertus.

De plus on connoîtra tous les genres de Plantes qui se

ſont trouvez ſous differents climats, & la maniere de les élever, le tout rangé par ordre Alphabetique.

Ainſi ſans m'être attaché à faire de longs diſcours, tres-ſouvent ennuyeux, je me ſuis contenté de conduire, comme par la main, le Lecteur à la connoiſſance des choſes où les plus grands Hommes ont donné leurs plus précieux moments; j'oſerois même dire que le Createur a daigné former un jour pour la production de ſes Treſors cachez, lorſque de ſa ſacrée bouche il profera ces paroles, *Germinet terra herbam virentem & facientem semen juxta genus suum.* Adam en sçavoit les proprietez ; & le plus sage des Rois, Salomon, n'eut pour ainsi dire le don de la Sagesse qu'avec celui de cette connoissance.

Je me flatte donc que le public aura quelque reconnoissance de mon travail, & trouvera ici son utilité ; le Médecin, la vertu & proprieté des Plantes ; le Fleuriste, la maniere d'élever des Fleurs ; le Jardinier, comme il faut planter & preparer les terres.

Tout ce que je souhaite

enfin, cher Lecteur, c'eſt que pour récompenſe de mon travail mon Livre vous ſoit utile, & que la vûë que j'ai d'obliger le Public me tienne lieu de récompenſe.

APPROBATION.

J'Ai lû par ordre de Monseigneur le Chancelier, un Manuscrit intitulé *Le Jardinier Botaniste*, dans lequel je n'ai rien trouvé qui doive en empêcher l'impression. A Paris ce 28. Aoust 1704. POUCHARD.

TABLE DES MATIERES DU PREMIER LIVRE.

Fin de la Table du premier Livre.

REMARQUE.

*Cette marque * mise en differents endroits, denote que la Plante se nomme en François comme en Latin.*

LE

LE JARDINIER BOTANISTE.

LIVRE PREMIER.

De la culture des Plantes en general.

CHAPITRE PREMIER.

De la maniere de préparer la terre pour les Plantes qui se mettent en Pots ou en Caisses.

TOus ceux qui ont traité du Jardinage, ont ordinairement commencé par la consideration des Terres qui y sont propres ; c'est aussi la principale condition, & même la plus essentielle.

De toues les manieres de préparer la terre, la meilleure est celle-ci

J'ai remarqué que les Plantes y viennent tres-bien, & poussent plus qu'en toute autre terre.

Je fais venir trois tombreaux de terre d'égout que je fais tirer du fond des égouts des environs de Paris.

Autant de terre forte, qui est celle dont se servent les Fondeurs de cloches pour faire leurs moules, & qui se trouve au pied de Villejuif proche Paris.

Un tombreau de marc de raisin.

Et six tombreaux de terreau.

Je mêle le tout ensemble & laboure plusieurs fois, jusqu'à ce qu'on ne connoisse plus ni le terreau, ni la terre forte, ni la terre d'égout, ni le marc de raiſin ; je laiſſe repoſer le tout quelque tems, puis je paſſe le tout par la claye, pour m'en ſervir quand j'en ai beſoin ; je prepare ordinairement ladite terre en Automne, pour la laiſſer repoſer tout l'Hyver, & pour qu'elle s'imbibe & que le terreau pourriſſe davantage.

Quand on voudra ſe ſervir de ladite terre, on pourra avoir un petit crible pour la repaſſer encore, afin qu'elle ſoit plus fine, & que les Plantes y viennent mieux.

CHAPITRE II.

Maniere de planter les Plantes en Pots ou en Caiſſes.

LEs Pots qui ſont vernis ſont les meilleurs ; ils doivent avoir autant de hauteur que d'ouverture ; le fond doit être plus étroit que l'entrée de deux ou trois doigts, afin d'en pouvoir facilement & ſans danger tirer les Plantes avec leur terre. Ils doivent être fendus à deux ou trois endroits par en-bas pour écouler l'eau qu'ils reçoivent. On emplira leſdits Pots de la terre qu'on aura preparée, puis on plantera les Plantes dedans, à quatre à cinq doigts de profondeur ; on fera en ſorte que les Plantes ayent un peu de terre autour de leurs racines, afin qu'elles reprennent plus aisément & plus vîte ; aprés qu'on les aura plantées on ne les exposera pas tout aussi-tôt au Soleil, mais on les arrosera & on les mettra à l'ombre, pour les y laisser deux ou trois jours.

On gardera la même regle pour planter en Caisses.

CHAPITRE III.

Quand & comment il faut semer.

LA meilleure & la plus propre saison de semer est le Printems, & quand l'air est un peu temperé ; on seme aussi en Automne, mais on ne seme en ce tems que les graines d'Arbres qui sont ordinairement plus dures à lever que les autres.

Les ſemences des Fleurs & Plantes étrangeres doivent être ſemées ſur couches chaudes & ſous cloches, pour y être entretenuës juſqu'à ce que le tems permette de les tranſplanter, & qu'elles ſoient un peu fortes. Les Plantes étrangeres ſe ſement ordinairement en Pots, parce qu'elles ſont plus dures à lever que les autres, & qu'on enterre les Pots dans des couches qu'on fait de tems en tems pour les faire lever ; il n'eſt pas neceſſaire d'y ſemer les Fleurs Automnales qui ſe ſement ordinairement en pleine couche.

CHAPITRE IV.

Maniere de faire des Couches, & le tems de les faire.

LEs Païs chauds n'ont point beſoin de cet expedient pour produire preſque en tout tems de toutes choſes ; la terre de nos Païs ne ſçauroit avoir une pareille fertilité, ſi l'induſtrie du Jardinier ne s'en mêle : c'eſt pour cela qu'on a inventé les couches, pour donner un certain degré de chaleur que la terre n'a point, & pour faire avancer les Plantes dans leurs productions. Pour faire leſdites couches, il faut du grand fumier de cheval, qui ſoit ou entierement, ou tout au plus mêlé d'un tiers de vieux. Le vieux fumier fait que la couche ſe tient plus long-tems chaude. La place où la couche doit être ayant été marquée, le Jardinier y porte un rang de hottées de fumier à la queuë l'une de l'autre; il commence enſuite à travailler & à arranger ſon fumier l'un ſur l'autre; il ſe ſert pour cela d'une fourche. On fait ordinairement les couches de trois pieds de large ſur deux pieds de hauteur. Quand ſon fumier ſera arrangé il apportera du terreau qu'il répandra ſur cette couche pour avoir la facilité de ſemer deſſus; il doit mettre ſur chaque couche un demi pied de terreau, & faire en ſorte qu'il ſoit répandu également.

On ne ſemera pas auſſi-tôt que la couche ſera faite, on attendra que la plus grande chaleur ſoit paſſée, parce qu'elle brûleroit & conſommeroit tout ce qu'on y auroit semé. Que si on s'apperçoit que la couche se refroidisse, on fera tout autour des réchauffements avec du fumier neuf ; par ce moyen on y entretient & renouvelle la chaleur dans le degré où elle doit être. On fait ordinairement les premieres couches en Janvier, pour semer les Melons & Concombres : les autres se font en Mars & Avril pour les Plantes.

CHAPITRE V.

Maniere d'élever les Plantes, Arbres ou Arbrisseaux étrangers, même de les faire passer l'Hyver sans Serre.

IL faut avoir soin de faire en tous tems des couches: d'abord que celle que vous avez faite eſt froide, la réchauffer ou en faire une neuve. Quand vos Plantes auront levé ſur vos couches, & qu'elles ne pourront plus tenir ſous les cloches, vous ferez faire une eſpece de Serre toute vitrée : telle eſt celle qui eſt repreſentée ici.

Vous arrangerez toutes vos Plantes plantées dans leurs Pots ſous ce chaſſis qui ſe mettra ſur vôtre couche ; vous enterrez vos Pots dans le terreau de la couche : quand le Soleil perce au traver de ce chaſſis, il eſt inconcevable combien la chaleur eſt grande, & quel bien cela fait aux Plantes ; on ouvrira dans les grandes chaleurs les fenêtres de ce chaſſis : quand l'Hyver approchera, on fera faire des paillaſſons, & on fera proviſion de fumier ſec pour le couvrir pendant les gelées : on le découvrira le

fol. 10

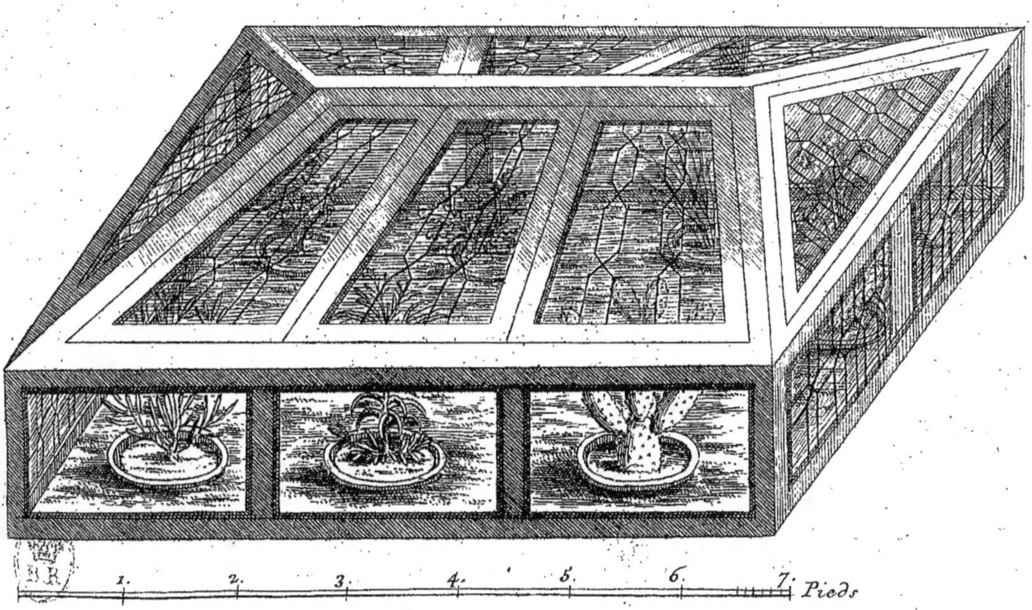

Simonneau le Jeune

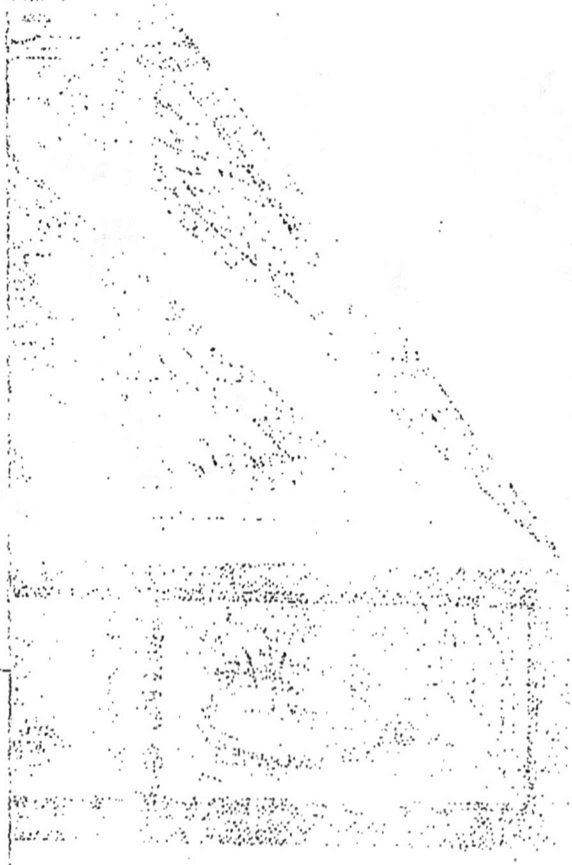

jour quand il ne gelera point, & on le recouvrira tous les ſoirs.

CHAPITRE VI.

L'heure & la maniere d'arroſer les Plantes.

PEndant l'Hyver les Plantes ne demandent pas d'être humectées d'une grande quantité d'eau, on les arroſera deux heures aprés le Soleil levé, & jamais le ſoir, parce que la froideur de la nuit pourroit geler la terre, & cette gelée feroit infailliblement mourir les Plantes.

Quand on les arroſe dans cette ſaiſon il faut prendre garde de ne les point mouiller, mais plonger ſeulement le cul du Pot dans l'eau à la hauteur de trois doigts, ou mettre ſeulement de l'eau tout à l'entour.

Et tout au contraire, dans l'Eſté il les faut arroſer le ſoir aprés le Soleil couché, & jamais le matin, parce que la chaleur du jour échauffant l'eau, brûleroit tellement la terre, que les Plantes pourroient ſe fletrir & ſecher.

Plus une Plante eſt grande & forte, plus auſſi il lui faut d'eau.

CHAPITRE VII.

Maniere de multiplier toutes ſortes de Plantes.

LEs Arbres & Arbuſtes ſe multiplient d'une autre maniere que les Plantes & les Fleurs; on prend ordinairement des Arbres & Arbuſtes ce qui repouſſe aupied pour les multiplier, c'eſt ce qu'on appelle Jettons; ce qui ſe doit faire au Printems devant que la Seve monte : ou bien on les marcotte de la même façon qu'on marcotte les œillets, comme on le pourra voir où j'en ai parlé, exceptez qu'on le fait au Printems.

Les Plantes ſe multiplient de Plant enraciné, en ſeparant leurs pieds en quatre ou cinq Plantes qu'on replantera & arroſera auſſitôt. Le meilleur tems de multiplier les Plantes eſt le mois de Septembre.

Les Plantes graſſes & ſpongieuſes qui ont aſſez de peine à grainer ſe multiplient de Boutures en Avril, en détachant un œilleton ou branche du corps de la Plante, puis la replanter auſſi-tôt ; on peut leur faciliter de reprendre racines plus vîte, en enterrant dans une couche chaude les Pots où elles sont plantées.

CHAPITRE VIII.

Maniere de greffer : en quel tems & saison il faut cueiller les Greffes.

De toutes les façons de greffer il n'y en a que deux d'usitées, de connuës & de plus sûres ; l'Ecusson & la Fente.

L'Ecusson est une fort bonne invention, & se peut faire en decours de la Lune de Juin & en decours de la Lune de Juillet : ce que vous ferez greffer en cette saison poussera avec plus de force que dans l'autre. Je me suis laissé dire que ceux qui bûvoient avec excés n'étoient pas propres pour greffer en Ecusson, parce que l'haleine eſt nuiſible & contraire à ces ſortes de Greffes.

La maniere de Greffer en Ecuſſon eſt fort aiſée : on fend entre deux nœuds l'écorce de l'Arbre qu'on veut greffer en maniere d'un T, & l'on inſere dedans la Greffe portant bon fruit, puis on relie avec de la laine ou filaſſe ladite Greffe, peur qu'elle ne tombe, & pour la tenir en état.

Les Greffes doivent être priſes ſur les jets de l'année, & greffées ſur les jets de deux ans.

La maniere de greffer en fente ou poupée eſt encore plus aiſée; on abat la tête de l'Arbre qu'on veut greffer, on fend en deux l'extremité du tronc de l'Arbre avec une ſerpe, puis l'on inſere dedans trois ſions au plus de l'Arbre portant fruit; on mettra à l'entour de la terre détrempée avec de la filasse pour tenir la Greffe fraîche, pour empêcher que le Soleil ne la brûle & que la pluie n'entre dans la moëlle de l'Arbre.

On ne peut bien exprimer comment l'on greffe, il seroit bon & à propos de voir quelqu'un qui sçût greffer pour faire de même.

Les Greffes en poupées se font en Mars : on pourra lire sur cette matiere la nouvelle Maison rustique, qui en traite assez amplement, & qui en a donné des Figures.

CHAPITRE IX.

Description d'une bonne Serre.

LE Bâtiment que nous appellons Serre pour y serrer toules Plantes, Arbres & Arbustes craignants

craignants l'Hyver, doit avoir pluſieurs conditions. Pour commencer par celle qui regarde ſa ſituation; elle doit être expoſée le plus qu'on peut au midy, de ſorte que le Soleil la regarde & la frappe de ſes rayons depuis neuf à dix heures du matin juſqu'à ce qu'il ſoit prés de ſe coucher. L'expoſition du Levant qui donne le Soleil depuis ſon lever juſqu'à deux ou trois heures aprés midy, n'eſt guere moins favorable. On peut ſe paſſer de celle du Couchant faute d'autre, ayant encore le Soleil aſſez conſiderablement, ſçavoir depuis midy juſqu'au ſoir; mais pour Celle du Nord, autant preſque vaudroit-il n'avoir point de Serre, que d'être reduit à ſe contenter d'une qui s'y trouvât expoſée, puiſqu'elle ne joüit que tres-peu du Soleil. Il eſt plûtôt à ſouhaiter qu'outre le rempart d'un bon mur qu'on oppoſera de ce côté, on la puiſſe adoſſer à quelqu'autre bâtiment, à une montagne ſeche, ou à quelque bois de haute-fûtaye, qui la mette d'autant plus à l'abry des incommoditez qui lui peuvent venir de là.

L'expoſition étant choiſie, il faut commencer par de bons fondements; il eſt à propos qu'ils ſoient de trois pieds de profondeur, ſi l'on peut, à cauſe qu'il eſt plus facile quand les Arbres croiſſent & s'élevent, de tirer un ou deux pieds de terre de la Serre pour l'abaiſſer, qu'il ne ſeroit d'élever tout le bâtiment : ce ſera encore mieux ſi on donne d'abord à la Serre une hauteur aſſez conſiderable, comme de quinze à vingt pieds; car il eſt à craindre que la Serre ne ſerve d'égout aux eaux de dehors, & n'attire par ce moyen une humidité qui peut être fort nuiſible.

Quant aux murs, voici quelle en doit être la conſtruction. Il faut une bonne muraille du côté du Nord, ſans aucune ouverture; elle peut être de moilon & de mortier à chaux & à ſable, ou bien de plâtre, ſi ces materiaux ſont communs. Ailleurs où l'on en a pas commodément, on peut faire une muraille de bauge, c'eſt-à-dire, de terre détrempée & mêlée de foin & de chaume pour lui donner plus de conſiſtance; ou bien une double cloiſon de bois, dont on remplit l'entre-deux de terre ou de ſable.

L'épaiſſeur de ce mur, de quoi qu'il ſoit, doit être du moins de trois piéds; les deux pignons doivent être de même.

Le côté exposé au Soleil veut être le plus ouvert qu'il se peut; il seroit bon que les fenêtres & les portes qui l'occuperont entierement ne fussent separées que par des piliers, soit de bois ou de pierre, afin qu'en les ouvrant les Plantes se trouvassent comme en plein air, & fussent vûës du Soleil.

Les fenêtres peuvent avoir quatre, cinq & six pieds de large, & la hauteur de toute la Serre, à la reserve de l'appuy, qui pour l'ordinaire est de trois pieds ou de trois pieds & demy; la porte doit avoir la même hauteur, & une largeur suffisante pour le passage des Arbres.

La menuiserie en doit être si juste, aussi-bien que celle des fenêtres, qu'elle ne laisse pas le moindre jour. Comme il est malaisé d'avoir des ais aussi longs, on peut faire une porte brisée, dont le haut n'ouvre que pour entrer & sortir les Arbres, ou qui se démonte de quelqu'autre maniere.

Il seroit fort utile que les portes fussent doubles & à deux battans, en sorte que l'une s'ouvrît en dehors & l'autre en dedans, pour abatre la premiere sur soi quand on veut aller faire la visite dans la Serre sans que le froid s'y insinuë. On peut encore remplir l'entre-deux de ces portes de foin bien pressé, & ajoûter même au dehors du fumier de cheval bien chaud si l'Hyver est extraordinairement rude.

Les chassis doivent être aussi doubles, l'un en dedans de papier seulement, mais qu'il en soit collé aux deux côtez de chaque quarré; & en dehors un autre de verre, si l'on en veut faire la dépenſe ; ou bien de papier que l'on huilera comme l'autre, tant pour l'éclaircir que pour le rendre plus chaud, & le faire mieux reſiſter à la pluye ; outre cela on pourra mettre encore en dehors des contrevents de bois.

La Serre doit être bâtie au commencement de l'Eſté, pour avoir bien le tems de ſe ſecher, autrement elle eſt fort ſuſceptible de gelée. Le plancher d'en-haut doit être couvert de foin ou de paille, s'il ne ſert à quelque logement habité, ou à quelque galerie, & s'il n'eſt ceintré fort materiellement. Il eſt mieux que le plancher d'en-bas ſoit de bois que de plâtre & ſalpêtre battu, à moins que l'on ne voulût faire ſervir la Serre à quelqu'autre choſe pendant l'Eſté.

Quant à la longueur & à la largeur de la Serre, chacun peut

la regler suivant ses facultez: une Serre de quatre toises de large, & d'une longueur proportionnée peut assez bien s'accommoder à la portée de toutes sortes de curieux un peu distinguez, & doit passer pour fort belle.

Le conseil qu'on peut donner est de faire toûjours ce Bâtiment de trois ou quatre toises plus grand qu'on ne se proposoit, parce que l'amour pour la culture des Plantes augmentant insensiblement, il se trouveroit en peu de tems trop petit.

Quelque necessaire que soit une Serre aussi-bien conditionnée que celle que je viens de décrire, peu de gens veulent ou peuvent faire la dépense d'une telle entreprise; il est plus ordinaire de voir convertir à cet usage des lieux qui ont servi de Salle, d'Ecurie, de Cellier, & quelquefois de Cave, ce qui eſt le pire de tous, parce que les lieux bas & creux comme ces derniers, ne peuvent être que fort humides, & ne ſont jamais échauffez des rayons du Soleil; pour les autres, avec un peu de réparations, ils peuvent paſſer & ſuffire.

Aprés avoir parlé des Plantes en general, venons maintenant au particulier.

Fin du premier Livre.

LE JARDINIER BOTANISTE.

LIVRE SECOND.

Des Plantes en particulier par ordre Alphabetique.

A

Abies, *Sapin* : *Arbre.*

LE Sapin vient de semences en Mars, en bonne terre & à l'ombre, pour être replanté deux ans aprés qu'il sera levé de terre en pepiniere : on ne le taille que deux fois l'an, & cela en Juin & Aoust.

Les Resines les plus odorantes sont celles de Sapin & du Terebinthe ; mais celle du Sapin est plus chaude que l'autre. La décoction de ses feüilles guerit les maladies des reins ; elle est bonne pour la Gravelle & pour la Pierre : elle appaise aussi la Goutte.

Abrotanum , *Auronne : Plante medecinale de bonne odeur.*

Cette Plante vient mieux d'être plantée de sa racine ou jettons, que d'être semée. On la seme au Printems dans une terre bien preparée. Cette herbe se perd par l'extremité des froids & des chaleurs ; à cause de cette delicatesse on lui choisira un lieu temperé.

Si l'on frotte dans les Fiévres intermitentes le malade de l'herbe & de la fleur détrempez en huile, les Frissons ne seront pas si grands. Le poids d'un écu de sa semence pilée avec quelques-unes de ses feüilles dans du vin blanc, en y ajoûtant une vieille Noix, le tout passé & bû, est un bon Remede contre la Peste, & contre toutes sortes de poison. Elle est bonne pour faire mourir les vers des petits enfans.

Absinthium, *Absinthe : Herbe medecinale d'une odeur tres-forte.*

Vient de semence & de plant enraciné ; on la leve ordinairement au mois d'Octobre, pour en ôter le peuple, & pour le replanter aussi-tôt en bonne terre & en belle exposition ; on la seme en Octobre, Fevrier & Mars.

Les feüilles de cette plante sont astringentes, acres & ameres ; on en fait un vin qui est excellent pour fortifier l'estomach. Les fleurs d'Abſinthe miſes en décoction avec la racine de Chiendant, ſont bonnes pour la jauniſſe.

L'Abſinthe eſt un contre-poiſon pour ceux qui ont mangé de mauvais Champignons, ou avalé quelque venin.

Abutilon. *

Veut un lieu chaud & une terre graſſe; ſe ſeme ſur couche en Mars pour être replanté en belle expoſition quinze jours aprés qu'il ſera levé.

La Plante eſt annuelle.

On ne connoît pas les vertus de cette Plante.

Accacia, * *Arbre.*

L'eſpece d'Acacia la plus commune vient fort aiſément, & ſans beaucoup de ſoin; on le multiplie de ſemences & de jettons, en Octobre, en terre moyenne; on ne les releve ordinairement que trois ans aprés qu'ils sont levez pour les planter en pepiniere. L'Accacia qui vient d'Egypte demande plus de culture, & est plus difficile à élever. On le semera sur couche chaude en Mars; on le replantera huit jours aprés qu'il sera levé en bonne terre & en belle exposition; on le preservera des gelées. Il ne fleurit guere en ces païs; nous ne l'aurions pas si on ne nous en avoit envoyé des graines.

Son jus est bon pour le Feu sauvage & pour le mal des yeux. Voyez Dioscoride. La décoction de l'arbre rejoint les jointures émuës.

Acanthus, *Branche-ursine: Plante medecinale.*

Vient en toute terre sans beaucoup de culture, se multiplie de semences en Mars & de plant enraciné en Octobre; on aura soin de lever de terre cette Plante tous les ans, pour en ôter le peuple qui est capable de perdre un Jardin.

Les parties de cette Plante sont fort subtiles, les feüilles aident à faire digestion. La racine de cette Plante desséche beaucoup. Voyez *Galenus lib. 6. simpl. medic.*

Acer, *Erable: Arbre.*

Se plaît fort dans les bois & lieux incultes: on peut en faire des Palissades en le tenant de court. Il se multiplie de jettons levez depuis le mois de Novembre jusques en Avril. On ne connoît point les vertus de cet Arbre.

Acetosa, *Ozeille* : *Herbe potagere.*

Se seme en Mars en terre bien preparée & bien fumée : on la peut semer aussi en Avril, May, Juin, Juillet, Aoûst, & même au commencement de Septembre, pourvû que le froid ne survienne pas avant qu'elle soit assez fortifiée ; on la seme fort dru en plain champ, ou par rayons dans une planche, ou en bordures. On aura soin de la tenir bien nette des méchantes herbes ; on l'arrosera beaucoup en Esté. Aprés qu'on l'aura coupée, il faut la couvrir d'un peu de terreau.

Outre que cette Plante est bonne en Potage, elle a bien de bonnes vertus.

Les racines & les feüilles de cette plante soulagent beaucoup les Scorbutiques.

Les feüilles pilées ou cuites

ſous la braiſe avancent la ſuppuration des tumeurs, de même que le levain.

Voyez l'Hiſtoire des Plantes des environs de Paris de Monſieur Tournefort.

Aconitum, *Aconit : belle Fleur.*

Veut une terre graſſe & bien cultivée, vient en toute expoſition, ſe multiplient de ſemence & de plant enraciné.

De toutes les eſpeces d'Aconit, il n'y a que l'*Uva Vulpina*, ou *Herba Paris*, qui puiſſe ſoulager & faire du bien, les autres étant des poiſons tres-violens. *L'Herba Paris* eſt le contre-poiſon de tous les autres ; on prendra vingt jours durant une dragme de ſa ſemence.

Adhatoda, * *bel Arbriſſeau.*

Cet Arbriſſeau vient fort vîte,

& est aussi prompt à perir : il se plaist en bonne terre, & en belle exposition. On aura soin de le mettre l'Hyver en Serre : on le multiplie de Boutures.

On ne connoist point les vertus de cet Arbrisseau.

Adiantum, * *espece de Capillaire : Plante médecinale.*

Toutes les especes de Capillaire se plaisent dans les lieux pierreux & humides.

Cette Plante est une de celles qui entrent dans la confection du Sirop de Capillaire que l'on donne aux febricitans & à ceux qui toussent ; il est aussi tres-bon pour fortifier l'estomach.

Agaricus, *Agaric : Plante naturelle.*

Cette Plante naît ordinairement sur le tronc des Arbres.

Histore des Plantes des environs de Paris, page 378.

On ne connoît point les vertus de cette Plante.

Agnus Castus, * *Arbrisseau.*

Se plaît en terre bien cultivée & à l'ombre ; se marcote en Mars pour être replanté l'année d'aprés.

Ses feüilles & sa semence provoquent le flux aux femmes ; on s'en sert pour resoudre toutes duretez. La decoction de ses feüilles sert à la Chaude-pisse, autant en breuvage qu'en fomentation : le parfum de sa semence éteint la cupidité des choses Veneriénes.

Agrimonia, *Aigremoine : Plante médecinale.*

Vient dans les lieux pierreux, secs & incultes, sans culture ; se multiplie de semences & de plant enraciné.

On employe l'Aigremoine dans les ptisanes, dans les décoctions, dans les boüillons, & dans les potions aperitives, rafraîchissantes & vulneraires; elle est propre à resoudre les tumeurs des bourses & des autres parties où il y a de l'inflammation. Elle est utile pour le crachement de sang. Voyez Monsieur Tournefort dans son Histoire des Plantes des environs de Paris, p. 48.

Alternus, *Alaterne: Arbrisseau.*

Veut être planté en terre bien cultivée, bonne d'elle-même, & en belle exposition; se multiplie de Marcottes & de Jettons enracinez.

On ne se sert point de cet Arbrisseau en médecine.

Alcea, *Alcée: Plante médecinale.*

Se plaît dans les Prairies &

lieux gras, ne demande pas culture ; ſe multiplie de plant enraciné & de ſemences.

La racine bûë dans du vin, guerit les Dyſenteries & la Colique.

Alchimilla, *Pied-de-lion : Plante médecinale.*

Veut une terre graſſe & humide, plus argilleuſe que ſabloneuſe ; au défaut de plant enraciné on la ſeme au mois de Mars & d'Avril à l'ombre.

Les racines & les feüilles ſont aſtringentes & deſſechent beaucoup ; on en uſe pour les Playes internes en potion. Voyez Mathiole.

Alga, * *Plante aquatique.*

Cette Plante naît dans la Marne, & ne ſe cultive point dans les Jardins.

Voyez l'Hiſtoire des Plantes des environs de Paris, page 314.

On ne connoît point les vertus de cette Plante.

Alkekengi, *Coqueret : Plante médecinale.*

Veut être plantée en bonne terre bien cultivée ; on l'arroſera ſouvent. On la multiplie de ſemence & de plant enraciné.

La petite ceriſe qui eſt entourée de folicules eſt bonne pour provoquer l'urine retenuë, & pour en adoucir l'ardeur.

Allium, *Ail.*

Veut une terre graſſe & bien cultivée, ſe replante & ſe multiplie de ſes Cayeux en Mars, ſe releve en Septembre.

Les Aux deſopilent les obſtructions, à ce que dit Galien dans ſon Livre 2. Il n'y a meilleur remede contre les morsûres venimeuses. Voyez Dioscoride Livre 2. Chapitre 146.

Alnus, *Aune : Arbre.*

Se plaît & veut être planté le long des eaux, ou en terroir gras & à l'ombre ; se multiplie de Jettons en Septembre & Octobre.

Tragus & Dodonée se sont servis des feüilles de cet Arbre, pour adoucir & pour resoudre les Tumeurs : on peut s'en servir pour l'Hydropisie. Voyez l'Histoire des Plantes des environs de Paris, page 243.

Aloë, *Aloës.*

Toutes les especes d'Aloës que nous connoissons se cultivent de la même maniere : on les plantera en bonne terre, & on les exposera le plus que l'on pourra à la chaleur. Ils se multiplient d'œilletons & de ſemences ; on les ſerrera pendant l'Hyver en un lieu ſec, & on ne les arroſera point tant qu'il fera froid.

De toutes les eſpeces d'Aloës il n'y a que le Sucotrin qui ait des vertus, & duquel on ſe ſert en Médecine. Mathiole ſur Dioſcoride *lib*. 3. *cap*. 2. aſſure que l'on cultive plûtôt l'Aloës pour la vûë que pour ſon uſage en Médecine. L'Aloës cuit dans du ſel lâche le ventre & ſert beaucoup à ceux qui ont peine à uriner, fortifie l'eſtomach. Voyez Cluſius dans ſon Livre premier, où il traite *De Aromatum Hiſtoria*. Le ſuc de cette Plante eſt treſamer.

Alſinaſtrum *.

Se plaît & ſe trouve autour des mares & lieux aquatiques ; ſe multiplie de plant enraciné & de ſemences.

On ne connoît point ses vertus en Médecine.

Alſine, *Morgeline : Plante medecinale.*

Vient ſans ſoin & ſans culture plus qu'on ne veut, en quelque endroit que ſe ſoit.

Elle ſert pour les inflammations & pour le feu ſauvage.

Althea, *Guimauve : Plante medecinale.*

Vient en toute terre, ſans culture: ſe multiplie de ſemences en Mars.

On employe la racine de Guimauve dans les ptiſanes adouciſſantes ; ces ptiſanes ſont d'un grand ſecours dans la Toux violente.

Les cataplaſmes preparez avec la racine de cette Plante, celles de Lys, d'Oignons & avec les

quatre

quatre farines, ſont tres-propres pour faire ſuppurer les Tumeurs, ſur tout quand on y mêle l'eſprit de vin.

Voyez Monſieur Tournefort.

Aliſſoides *.

Il y a pluſieurs eſpeces de cette Plante, toutes tres-rares & tres-curieuſes: on aura ſoin de les mettre au chaud, de les planter en bonne terre, de les ſemer ſur couches, & de les garentir de l'Hyver.

Les vertus de cette Plante ne ſont point connuës en Médecine.

Aliſſon *.

Se ſeme en Mars ſur couche & ſous cloches, pour être replantée en bonne terre & en belle expoſition quinze jours aprés qu'elle ſera levée.

On n'en connoît point les vertus.

Amaranthus, *Amaranthe : Fleur.*

Se ſeme en Mars & Avril ſur couche, pour être replantée en bonne terre & en belle expoſion quand elle aura acquiſe un demy pied de haut.

La Plante eſt annuelle.

La fleur priſe en breuvage ſoulage ceux qui ſont tourmentez du mal de ventre & du flux de ſang, arrête les Mois & Fleurs des femmes.

Ammi, * *Plante médecinale.*

Se ſeme en Mars en bonne terre & en belle expoſition.

La fleur de cette Plante priſe en vin, aide à faire digeſtion, & provoque l'urine ; les parties de cette Plante ſont tres-ſubtiles.

Amygdalus, *Amandier : Arbre fruitier.*

Veut être planté en lieux chauds pour porter de bonnes Amandes: s'il eſt en terre humide le fruit n'en vaudra jamais rien. On le ſeme en Janvier & le replante en Octobre.

Le fruit de l'Amandier échauffe beaucoup, arrête le mal de tête, & fait dormir.

La Gomme de l'Amandier arrête les crachemens de ſang. On ſe ſert tous les jours de ce fruit pour les Tourtes, Maſſepains, Lait d'Amandes, & autres choſes.

Anacampſeros, *Orpin : Plante médecinale.*

Veut être plantée en terre graſſe, bien cultivée & à l'ombre; ſe multiplie de ſemences & de plant enraciné : on aura ſoin de le relever tous les trois ans, pour en ôter le peuple.

Cette plante eſt deterſive, aſtringente & vulneraire : appliquée exterieurement, elle avance la ſuppuration des Tumeurs. Monſieur Tournefort dans ſon Hiſtoire des Plantes des environs de Paris, page 387.

Anagallis, *Mouron : Plante médecinale fort commune.*

Pour ſa Culture, voyez *Alſine*, *Morgeline*, ci-devant page 40.

Le ſuc du Mouron pris par le nez purge doucement ; on fait boüillir dans un verre de vin du Mouron, & l'on donne ce breuvage aux peſtiferez. La feüille du Mouron écraſée & miſe en cataplaſme ſur une morſure de bête venimeuſe, eſt un ſouverain remede ; chacun ſçait que l'on donne la graine de Mouron à manger aux petits oiseaux, comme aux Serins, Chardonets, Linottes & plusieurs autres.

Anagiris, *Bois puant: Arbrisseau.*

Ce petit Arbrisseau venant d'Amerique, demande beaucoup de chaleur; on le plante en bonne terre, & on l'expose le plus que l'on peut à la chaleur: il se multiplie de Marcottes & de semences. La semence doit être semée sur couche & sous cloche; on aura soin de le serrer l'Hyver.

La semence de cet Arbrisseau provoque le vomissement.

Ananas, * *Plante tres-curieuse.*

Je ne crois pas que cette Plante soit en France; je l'ai vûë au Jardin Royal en fruit, & par consequent vivante; elle est morte faute de soin & de chaleur.

Le Fruit de cette Plante eſt un excellent manger.

Anchuſa , *Orcanette : Plante médecinale.*

Veut être plantée en terroir gras & bien expoſé , ſe multiplie de ſemences & de plant enraciné.

La racine de cette Plante eſt froide , ſeche , aſtringente , nettoye les humeurs bilieuſes.

Androſæmum, *Toute-ſaine : Plante médecinale.*

Se plante en terre graſſe bien cultivée & à l'ombre; ſe multiplie de jettons & de ſemences.

Sa ſemence purge : les feüilles deſſechées cuites dans du gros vin , gueriſſent les brûlures.

Anemone , *Anemone : Fleur.*

Il y a de deux eſpeces d'Anemones, de doubles & de simples; les doubles se divisent encore par les Curieux, qui leur ont donné differents noms pour les distinguer, ce que je n'approuve point; elles se cultivent de la même maniere, exceptez que les doubles sont plus tendres à la gelée que les simples; on les plantera au mois d'Octobre en terre bien passée, bien labourée, & bien criblée, à cinq doigts de distance les unes des autres. On aura soin de faire de bons Paillassons pour les garentir des gelées. Le tems de les lever de terre est depuis la S. Jean jusqu'à la fin d'Aoust, lorsque les feüilles sont desséchées par les chaleurs de l'Esté, & que la fleur en est entierement passée: ayant tiré vos Oignons de terre, frotez-les les uns aprés les autres pour en ôter l'ordure.

Etant ſecs, mettez-les à part pour les garder, & ſerrez-les dans un lieu ſec. Les doubles ne portent point de graines : on ſeme des ſimples pour en avoir de doubles. Les plus violettes & les toutes rouges ſont les meilleures à ſemer ; on les ſemera à l'ombre en terre bien préparée, au mois de Septembre ; elles ſont dix-huit jours ſans lever de terre. Quand elles ſeront levées on les expoſera peu à peu au Soleil, afin de les y accoûtumer.

L'eſpece qui vient dans les bois ne demande culture, venant fort aiſément en toute terre & en toute expoſition ; elle ſe multiplie de plant enraciné.

On ne connoît point les vertus des Anemones : quelques-uns diſent qu'elles n'ettoyent, attirent & débouchent. On dit que la racine de la commune mâchée,

mâchée, tire la pituite.

Anethum, *Aneth : Plante médecinale.*

Vient mieux de ſemence que de plant, demande un endroit tiede & peu ſujet aux froids, veut être ſouvent arroſé.

La racine de cette Plante eſt diuretique & provoque l'urine.

Angelica, *Angelique : Plante médecinale.*

Veut être plantée en terre graſſe & en belle expoſition ; on la multiplie de ſemences & de plant enraciné. On aura ſoin de la lever de terre en Octobre pour en ôter le peuple qui trace beaucoup, & qui en empliroit un Jardin.

Sa racine eſt ſouveraine contre la Peſte & toute ſorte de poiſon ; elle aide beaucoup à faire digestion, appaise les douleurs de dents appliquée en cataplasme, guerit les morsures des bêtes venimeuses.

Anguria *.

Cette espece de Plante d'Amerique demande beaucoup de chaleur pour porter son fruit, veut être semée sur couche bien chaude & sous cloches, s'entretient & se cultive comme les Melons. La Plante est annuelle.

Quelques-uns disent que les semences de cette Plante rafraîchissent comme les semences froides, & que l'on pourroit les y mêler.

Anisum, *Anis: Plante médecinale.*

Pour sa culture, voyez *Anethum*, ci-devant page 49.

Sa semence mangée est tres-bonne à ceux qui sont sujets aux tranchées de l'eſtomach & des inteſtins ; elle eſt bonne aux Nourrices pour leur faire avoir quantité de lait, & pour chaſſer les vents.

Anonis, *Arreſte-bœuf : petit Arbriſſeau.*

Vient & croît en toute terre, ſoit cultivée, labourée, ſeche, aride, moite ou non ; ſe multiplie de jettons.

Cette Plante eſt aperitive & diuretique : on ordonne ſes racines dans les ptiſannes, dans les boüillons : & dans les apozemes ; toutes ſes preparations ſont excellentes pour la jauniſſe, pour la ſuppreſſion des mois, & pour les hemorroïdes enflâmées ; on fait boire dans un verre de vin blanc deux gros de racine de l'Arreſte-bœuf pour la Colique nefretique. La décoction de toute la Plante eſt fort deterſive.

Voyez l'Hyſtoire des Plantes des environs de Paris, page 54.

Anthirrinum, *Mufle de veau: Fleur.*

Cette Plante eſt tres-propre à garnir un Parterre, ne demande pas grande culture, vient mieux au Soleil qu'à l'ombre, ſe multiplie de ſemences & de plant enraciné.

On ne connoît point ſes vertus médecinales.

Aparine, *Gratteron: Plante médecinale.*

Je ne conſeille à perſonne de ſe charger de cette Plante qui eſt la perte des Jardins, venant plus que l'on ne veut & ſe trouvant par tout; on ſe ſert de l'eau diſtillée de cette Plante pour les maux de poitrine, & pour les vapeurs; quelques-uns la font boire dans la Pleuresie.

Aphaca, * *Plante médecinale.*

Est aussi commune que l'*Aparine* Gratteron. Les feüilles de cette Plante pilées & bûës resserrent le ventre, engendrent une humeur melancolique.

Apios, * *Plante fort jolie.*

Quoi que cette Plante vienne d'un Païs tres-chaud, elle ne craint cependant pas les froids; elle se multiplie de ses racines: on aura soin de la mettre dans un Pot, parce qu'elle trace beaucoup. On la plantera en terre grasse bien cultivée, & en belle exposition; on aura soin de la mettre au pied de quelque muraille, parce qu'elle grimpe beaucoup.

On ne connoît point ses vertus.

Apium, *Persil : Herbe potagere.*

On le ſemera au Printems, fort dru & en bonne terre ; on coupe ſes feüilles quand on en a beſoin, ſans que la Plante en ſoit endommagée, parce qu'elle en repouſſe de nouvelles ; veut être ſouvent arroſé pendant les grandes chaleurs ; on en recueille la graine au mois d'Aouſt & Septembre, & on la laiſſera bien ſecher avant de l'enfermer.

Cataplaſme fait de feüilles de Perſil avec de la mie de pain, guerit les Dartres, reſout les tumeurs des Mammelles, & fait perdre le lait aux femmes.

La décoction des racines ou feüilles de perſil ſert à provoquer les mois des femmes, & à faire uriner.

Apocinum, *Apocin : Plante médecinale.*

Veut une terre grasse & bien amandée, vient de plant enraciné & de semence; je conseille à ceux qui en éleveront de les mettre dans un grand Pot, parce qu'ils tracent beaucoup, & que l'on ne peut s'en défaire quand on veut.

La Plante est un poison pour les chiens, & tres-chaude d'elle-même.

Aquifolium, *Houx : Arbre.*

Cet Arbre étant taillé est tres-propre pour orner un Parterre, vient en toute terre: quand on l'a une fois planté en un lieu, on ne le replante guere; les semences sont un an dans terre sans lever; il se multiplie aussi de jettons, vient en toute terre & en toute exposition.

Les feüilles & la racine de cet Arbre ſont aſtringentes, aident à faire digeſtion, & ſont bonnes au flux de ventre. La vertu du Fruit eſt fort inciſive.

Aquilegia, *Ancholie : Fleur.*

Cette Fleur eſt fort belle dans un Parterre. Elle ſe multiplie de ſemences & de plant enraciné en bonne terre & en belle expoſition.

L'Ancholie eſt aperitive, diuretique & ſudorifique ; Tragus aſſûre qu'un gros de la poudre de ſa racine pris dans du vin, appaiſe la Colique. Voyez Monſieur Tournefort, page 393.

Arbutus, *Arbouſier : Arbre.*

Veut être planté en bonne terre & en belle expoſition ; ſe mulitiplie de Marcottes & de Jettons. On peut le faire venir de ſemences.

L'Arbousier est astringent, comme est aussi son Fruit, lequel nuit à l'estomach, & fait douleur de côté quand on l'a mangé.

Argemone *.

Cette Plante demande soin & culture, veut être semée sur couche, pour être replantée en bonne terre & en belle exposition.

La Plante est annuelle.

On ne connoît point ses vertus en Médecine.

Argentina, *Argentine : Plante médecinale.*

Veut être plantée & se plaît le long des eaux, se multiplie de plant en raciné.

Elle guerit les Ulceres & Playes malignes, arrête le Flux de sang prise en breuvage. Elle adoucit l'inflammation des reins & de la vessie ; elle tempere l'ardeur d'uriner. Son eau diſtillée guerit les rougeurs de viſage.

Ariſarum,* *Plante médecinale.*

Veut être planté en lieu & terrain humide, ſe multiplie de plant enraciné.

La racine de cette Plante contient beaucoup de chaleur & d'acreté.

Ariſtolochia, *Ariſtoloche : Plante médecinale.*

Vient en toute terre plus que l'on ne veut, ſans ſoin & ſans culture, ſe multiplie de plant enraciné : on aura ſoin de la lever de terre tous les ans pour en ôter le peuple qui trace beaucoup dans terre.

Les racines d'Ariſtoloche provoquent les mois des femmes, purgent les poulmons, font cracher, gueriſſent la toux, & provoquent l'urine si on en boit. La ronde mise en poudre avec Poivre & Myrthe, pousse toutes les superfluitez amassées en la matrice.

Armeniaca, *Abricotier : Arbre Fruitier.*

Veut être planté en terre legere, sabloneuse & en belle exposition. On le greffe sur le Prunier, ou sur le Noyau d'Abricot : on le greffe quelquefois sur l'Amandier.

La Confiture tant liquide que seche en est admirable. L'on fait aussi du sirop d'Abricot, lequel battu dans de l'eau est rafraîchissant & excellent à boire : on ne fera point excés de l'Abricot, parce qu'il est tres-dangereux pour la santé.

Artemisia, *Armoise : Plante médecinale.*

Soit plantée ou semée, demande un lieu sec & pierreux, ne demande pas grande culture.

Les feüilles & les fleurs d'Armoise prises comme le Thé sont excellentes pour les vapeurs. L'eau d'Armoise mêlée avec de l'esprit de vin & de l'eau de fray de Grenoüille, prendre du tout une égale quantité, seche & guerit toutes sortes de Dartes.

Arum, *Pied de-veau : Herbe médecinale.*

Pour sa culture & ses vertus, voyez *Arisarum*, ci-devant p. 58.

Arundo, *Roseau.*

La plûpart des Roseaux se plaisent & se trouvent dans les lieux aquatiques & marécageux.

L'eſpece qu'on nomme *Arundo Theophraſti* demande culture, auſſi-bien que les autres eſpeces qui viennent des Païs étrangers. On les plantera en terre graſſe, & en belle expoſition; ils ſe multiplient de plant enraciné: on aura ſoin de les arroſer ſouvent pendant l'Eſté, & de les couvrir pendant les grands froids.

On ne connoît point les vertus des Roſeaux.

Aſarum, *Cabaret: Plante medecinale.*

Veut être plantée en terre graſſe, humide & à l'ombre; ſe multiplie de plant enraciné.

Les racines de Cabaret purgent par haut & par bas, ſans que les malades en ſoient fatiguez: on leur fait boire un verre de vin, dans lequel on fait infuſer pendant la nuit demi-once de racine de la Plante : cette préparation est bonne dans l'Hydropisie, dans la Goutte, & sur tout dans la Dysenterie & Cours de ventre. Voyez Monsieur Tournefort, page 319.

Asclepias, *Dompte-venin* : *Plante médecinale.*

La plûpart des *Asclepias* veulent être plantez en terre grasse, & viennent sans beaucoup de culture ; nous en avons une espece, qui demande plus de soin, que l'on démontre au Jardin Royal sous le nom d'*Asclepias, Africana, Aizooides* ; cette Plante est tres-rare, tres-curieuse & tres-delicate ; le moindre froid la fane & la fait perir : comme cette Plante est spongieuse, il la faut peu arroser, si ce n'est dans la grande chaleur de l'Esté ; dans l'Hyver point du tout, de peur de la pouriture : on peut un peu plonger le cul du Pot environ à la hauteur de deux doigts, & l'y l'aiſſer peu de tems : on la perpetuë de Boutures dans le tems, vers Avril & May : on laiſſe faner un peu les boutures que l'on veut faire, afin de perdre de cette trop grande humeur qui l'empêcheroit de venir. Elle veut un grand Soleil, & même une cloche de verre deſſus, ſous laquelle il y ait peu d'air pour ne pas brûler la Plante. Quand les nuits commencent à être froides, on met la cloche à plat de terre juſqu'au lendemain. Cette Plante commence à fleurir vers le mois de Septembre, & pour la faire fleurir plûtôt, on aura ſoin de la tenir chaudement pendant l'Hyver : ce qui ſe dit de celle-ci, ſoit dit & fait pour toutes les Plantes grasses & spongieuses.

On ne connoît point les vertus de ce dernier; il n'y a que le commun qui serve pour la suppression des mois : il faut jetter une once de racine de Dompte-venin dans une chopine d'eau boüillante, passer l'infusion, en faire boire trois verrées par jour avec du sirop d'Armoise ; l'herbe appliquée en cataplasme resout les tumeurs des Mammelles. Voyez Monsieur Tournefort, page 56.

Asparagus, *Asperge* : *Legume.*

Les Asperges croissent en terre grasse, bien nettoyée & bien labourée ; on les seme au Printems. Il vaut mieux planter les racines, vû que la semence est trois ans sans rapporter. On fait des fosses aux environs de Paris, pour les élever & garantir des mauvais vents : Ceux qui auront un endroit bien exposé peuvent les élever sans faire des fosses. On aura soin de les fumer & nettoyer en Automne.

L'Asperge ouvre les obstructions des reins & fait uriner, mises en decoction dissout la pierre; elle rend l'urine puante.

Asphodelus, *Asphodele : Plante assez belle.*

Il y beaucoup d'especes d'Asphodele, tous tres-beaux, & propres dans un Parterre; il faut avoir soin de les lever tous les deux ans de terre, & cela en Automne quand la fleur en est passée, pour en ôter le peuple, que l'on replantera aussi-tôt. On les plante en bonne terre & en belle exposition. L'espece qui est appellé *Asphodelus Aloës Folio* demande plus de soin, le moindre froid la fane & la fait perir;

elle se multiplie de semence & de plant enraciné en bonne terre & en belle exposition. La Plante est tres-spongieuse & grasse.

La racine d'*Asphodelus* contient beaucoup de chaleur. On ne s'en sert guere en Médecine.

Asplenium, *Ceterac : Plante médecinale.*

Se plaît & se trouve dans les lieux pierreux & humides.

Les feüilles de la Plante entrent dans la confection du sirop de Capillaire : on se sert du Ceterac comme du Thé, c'est un aperitif & un diuretique moderé : on s'en sert dans la jaunisse & dans les maladies où il y a des obstructions dans les visceres ; on fait boire pour cela l'eau où cette Plante a maceré à froid. Monsieur Tournefort, page 395.

Aſter, * *Aſſez belle Fleur.*

Toutes les eſpeces d'Aſter ſont propres dans un Parterre, garniſſent beaucoup le lieu où ils ſont, & ne tracent que trop; ils viennent en toute terre, veulent une belle expoſition, ſe multiplient de plant enraciné. Les Fleuriſtes connoiſſent cette Fleur ſous le nom d'Eſpargoutte ou *Oculus Chriſti.*

On ne ſe ſert guere de cette Plante en Medecine.

Aſteriſcus, *Aſteriſque.*

Comme l'Aſter ci-deſſus.

Aſtragalus, *Aſtragale: belle Plante.*

Toutes les eſpeces d'Aſtragale ſont belles & bonnes à avoir; elles demandent ſoin & culture: on les plantera en bonne terre & en belle expoſition; elles ſe multiplient de ſemences & de plant enraciné, on les ſeme ſur couche & ſous cloches ; les eſpeces qui viennent des Païs étrangers craignent l'Hyver.

On ne ſe ſert point de cette Plante en Médecine.

Atriplex, *Arroche : Herbe médecinale & potagere.*

Vient plus que l'on ne veut quand elle aura été une fois ſemée.

Les Arroches ſont tres-rafraîchiſſantes, & aident à faire digeſtion.

Avena, *Avoine : Grain.*

L'Avoine ſe ſeme en Mars en bonne terre, bien labourée & hercée.

Un chacun ſçait que l'on donne ce Grain à manger aux chevaux.

Aurantium, *Oranger : Arbre portant Fruit.*

On n'éleve guere d'Orangers en France, on nous les apporte tous les ans de Provence tout élevez ; ceux qui en acheteront prendront garde qu'ils n'ayent été trempez dans la mer, ce qui les empêcheroit de venir ; pour ce on mordra les racines de l'Arbre, si elles sont salées, c'est une marque qu'elles y ont été trempées : on les plantera dans de grands Pots la premiere année, dans la terre que j'ai décrite au commencement de ce Livre : on les enterrera sur couche la premiere année, afin de leurs aider à reprendre racines : on mettra de la cire dessus la taille, afin d'empêcher que la séve de l'Arbre ne sorte, & de peur que le Soleil ne les échauffe trop & ne les brûle : On aura soin de les entourer dessus & dessous de Paillassons qu'on ôtera toutes les nuits. Quand les nuits commenceront à être froides, ce qui arrive ordinairement en Octobre, on les serrera dans un lieu sec & où les gelées ne puissent penetrer ; telle pourra être la Serre que j'ai décrite cidessus : on les en sortira au quinze ou dix-huit de May, puis on les mettra en belle exposition. En cas que leurs racines soient abondantes, & que leur terre soit usée, on les dépotera & on les encaissera au Printems en les sortant ; la terre peut leur servir & être bonne pendant cinq à six ans : on aura soin de couper tout le bois mort qui pourra y être. En cas qu'un Oranger se soit défeüillé en Serre, on aura soin de lui renouveller sa terre, & de peu l'arroser : on les éleve de grain qu'on seme en Mars en bonne terre & en belle exposition : on les greffe en écusson pour qu'ils portent fruit comme les autres Arbres.

On fait une eau de Fleur d'Orange, qui sert à tout ce que l'on veut ; comme dans les Crêmes, Tourtes & autres choses que l'on mange ; l'écorce d'Orange se mange confite : il y a de deux especes d'Oranges, de douces & d'ameres ; les ameres servent à étancher la soif des febricitans.

Auricula Ursi, *Oreille d'Ours : belle Fleur.*

Les Oreilles d'Ours veulent être plantez en belle exposition & en bonne terre, ne se soucient pas d'un grand Soleil. Les curieux les élevent de graine, mais cela est bien long : on les separe en Septembre, ce qui est bien plûtôt fait ; cette Plante est gourmande & aime la fraîcheur & la terre franche : on ne leur donnera de l'eau que quand elles en auront besoin, parce qu'elles sont sujettes à pourriture ; trop peu aussi leur feroit tort : lorsqu'elles sont en fleur ; on aura soin d'ôter les œilletons qui ont la fleur d'une seule couleur ; quand il est une fois pur il ne devient jamais pannaché : on sçait que les Oreilles d'Ours pannachées sont les plus belles. Je ne m'arrête point ici à un plus grand détail de cette Plante ; ceux qui en voudront sçavoir davantage liront un petit Livre qui en traite, & qui se vend chez Prudhomme au Palais.

On ne s'en sert point en Médecine.

Azedarack, * *Arbrisseau.*

Veut être planté en bonne terre & en belle exposition ; se multiplie de jettons , craint les grands froids.

On ne s'en sert point en Médecine.

B.

Baccharis, * *Plante médecinale.*

VEut être plantée en terroir gras & bien cultivé , se multiplie de semence & de plant enraciné.

Sa décoction ouvre les conduits , l'odeur de la Plante provoque le sommeil.

Ballote, * *Plante médecinale.*

Voyez *Marrubium* , ci-aprés à la lettre M.

Balsamina, *Balsamine : belle Fleur Automnale.*

Se seme sur couche en Mars, pour être replantée en bonne terre & en belle exposition quinze jours aprés qu'elle sera levée ; la Plante est annuelle.

L'huile de Balsamine est un fort bon remede pour les membres rompus. Voyez Mathiole.

Bardana, *Bardane : Plante médecinale.*

Il n'y a point de terre inculte où cette Plante ne soit en abondance ; elle se multiplie de semence.

La Bardane est diuretique, sudorifique, pectorale, histerique, vulneraire, febrifuge : La décoction de cette Plante purifie le sang & soulage ceux qui ont des maux Veneriens : on se ſert de ſes feüilles cuites ſous la braiſe pour les Goutteux. Voyez l'Hiſtoire des Plantes des environs de Paris, page 207.

Barba-jovis, * *Arbriſſeau.*

Demande ſoin & culture, étant un des beaux Arbriſſeaux que nous ayons; il vient de ſemence que l'on ſemera ſur couche en Mars, pour être replanté en bonne terre & en belle expoſition huit jours aprés qu'il ſera levé de terre. Il craint l'Hyver : on aura ſoin de lui renouveller ſa terre comme aux Orangers.

On ne s'en ſert point en Médecine.

Belladona, * *Plante médecinale.*

Ne demande culture, venant en tous lieux & en toutes expoſitions, ſe multiplie de ſemence & plant enraciné.

Le fruit de cette Plante eſt tres-dangereux, & eſt capable d'empoiſonner, comme le rapportent pluſieurs Autheurs : on applique les feüilles ſur le Cancer & ſur les Hemoroïdes pour les reſoudre : elle eſt bonne auſſi pour les duretez de Mamelles.

Bellis, *Paquerette* : *Fleur*.

Veut être plantée en terre graſſe en belle expoſition, & être ſouvent arroſée pour porter quantité de Fleurs ; la Plante eſt tres-bonne pour faire des bordures : on aura ſoin de la lever tous les trois ans pour en ôter le peuple.

La Plante eſt tres-vulneraire. Ruel aſſûre qu'un Cataplaſme fait avec la Paquerette & l'Armoiſe fond les tumeurs ſcrofuleuſes, reſout celles où il y a de l'inflammation, & ſoulage les Goutteux & Paralytiques.

Berberis, *Epine-Vinette: Arbrisseau.*

Vient sans culture en toute terre, & en quelque exposition que ce soit, se multiplie de plant & de semences. Elle est tres-bonne à mettre dans une haye pour la garnir.

Le vin fait avec les fruits de cette Plante arrête la Dysenterie & les fleurs blanches, à ce que dit Tragus. La racine de cette Plante est astringente & detersive : on confit le fruit de cette Plante, qui est une chose tres-bonne pour l'estomach : on la met aussi en dragées.

Bermudiana *.

Veut être plantée en terre grasse & en belle exposition, se multiplie de semences & de plants, craint les grands froids.

On n'en connoît point les vertus.

Beta, *Poirée ou Bette : Herbe potagere.*

Les feüilles de la Poirée servent de deux façons, au pot & pour des Cardes : on la seme en Mars en planche : on peut la recouper fort souvent pendant l'Esté, parce qu'elle repousse comme l'Ozeille & le Persil : on la seme quelquefois dés le mois de Fevrier, pour pouvoir en replanter au mois d'Avril : on replantera les plus blondes : on les replante communément entre les Artichaux. La graine se recueille en Juillet, Aoust & Septembre. Pour avoir des Cardes, on les replantera en terre bien preparée à la distance d'un pied & demi l'une de l'autre en Avril & en May ; elles veulent être bien émondées, sarclées & arrosées : on les couvre de grand fumier sec pour les conserver l'Hyver. La Betterave se cultive de même, exceptez qu'on ne la seme pas si dru.

Les Bettes lâchent le ventre ; le jus des Bettes attiré par le nez purge le cerveau & purifie le sang.

Betonica, *Betoine : Plante médecinale.*

Faute de plant se seme en terre humide & à l'ombre.

La Betoine est vulneraire, propre pour les maladies de cerveau & du bas ventre : on se sert de ses feüilles à la maniere du Thé pour les vapeurs, pour la sciatique, pour les douleurs de tête, pour la jaunisse & pour la paralysie ; les feüilles de Betoine mises en poudre font éternuer.

Voyez l'Hiſtoire des Plantes des environs de Paris. p. 320.

Betula, *Bouleau: Arbre.*

Cet Arbre venant fort communement dans les bois ne demande ſoin ni culture : on le multiplie de jettons.

On ſe ſervoit autrefois de l'écorce du Bouleau pour écrire : on s'en ſert à preſent pour faire des cordes à puits ; l'eau qui ſort de cet Arbre aprés qu'on lui a fait une inciſion, nettoye le viſage.

Bidens *.

Veut être planté en terre graſſe & bien expoſée, ſe multiplie de ſemence & de plant enraciné ; l'eſpece qu'on nomme *Hyeracii folio caule alato* eſt annuelle.

On ne connoît pas les vertus de cette Plante.

Bignonia, * *Espece de Clematis.*

Cette Plante est propre à faire un Berceau, montant beaucoup; veut être plantée en bonne terre, & en belle exposition. La fleur de cette Plante est tres-belle & tres-curieuse; en cas que les Hyvers fussent rudes, on la couvrira. Elle se multiplie de jettons.

On n'en connoît point les vertus.

Bistorta, *Bistorte: Herbe médecinale.*

Veut un lieu humide & ombrageux, se multiplie de plant de enraciné.

La racine de Bistorte arrête toutes sortes de Flux.

Blattaria, *Blattaire, ou Herbe aux Mittes : Plante medecinale.*

Veut être plantée en bonne terre & en belle exposition, se multiplie de semence & de plant enraciné. Les especes étrangeres craignent l'Hyver.

Cette Plante nettoye & resout : on dit qu'elle chasse les Mittes.

Boletus, *Morille : Plante naturelle.*

Vient sans semer comme les Champignons. Les Morilles se trouvent en Avril dans les taillis de Saint Germain & de Montmorency.

Histoire des Plantes des environs de Paris, page 400.

Cette Plante sert comme les Champignons.

Borrago , *Bourache : Herbe potagere.*

Se seme en Aoust & Septembre pour l'Hyver , & en Avril pour l'Esté : on la transplante en tout tems : on cueillera la graine de la Bourache à demi meure , parce qu'elle tombe fort aisément quand elle est trop meure.

Cette Plante est rafraîchissante & adoucissante.

Brassica , *Choux : Herbe potagere.*

Les Choux veulent une terre grasse & bien labourée ; les Choux verds doivent être semez à la my-Aoust ou Septembre : on les replante en Octobre. Les Choux pommez se sement en Mars & se replantent quand ils ont six feuilles : on ne les arrose jamais ; la graine vieille de trois ans ne revient plus.

Cataplasme fait de Choux avec de la lie, deux jaunes d'œufs, un peu de vinaigre rosat, le tout bien battu & incorporé, est un souverain remede pour les Gouttes. Une décoction de Choux augmente le lait des Nourrices. La cendre des Choux guerit les brûlures.

Brunella, *Brunelle : Plante médecinale.*

Se seme en Mars, vient plus vîte de Plant enraciné, vient en toute terre sans culture.

La Brunelle est astringente, vulneraire & detersive : on l'ordonne dans les prisannes, dans les boüillons pour le crachement de sang, pour les urines teintes de sang, pour les mois des femmes trop frequents, & pour la Dysenterie.

Voyez l'Histoire des Plantes des environs de Paris, page 62.

Bryonia, *Coulevrée, ou Vigne blanche : Plante médecinale.*

Vient plus que l'on ne veut sans culture ; l'espece qui a les feüilles pannachées demande plus de soin ; on la semera sur couche en Mars ; on la replantera en belle exposition & en bonne terre. Elle se multiplie aussi de plant enraciné. Monsieur Tournefort a apporté cette espece de Candie.

Les racines & les semences de Coulevrée purgent beaucoup. Mathiole assure qu'elle guerit les Vapeurs. La racine de Coulevrée appliquée exterieurement est resolutive.

Buglossum, *Buglose : Herbe potagere.*

Pour sa culture & ses vertus, voyez *Borrago*, Bourache, ci-dessus, p. 83.

Bugula, *Bugle : Plante médecinale.*

Veut un lieu pierreux & ſec, ſe multiplie de ſemence & de plant enraciné.

Ses feüilles & racines ſont ſouveraines pour conſolider les playes tant interieures qu'exterieures : la Plante eſt tres-vulneraire.

Bulbo caſtanum, *Terre-noix.*

Ne s'éleve guere dans les Jardins, ſe trouve fort aiſément en campagne.

Je n'en connoît pas les vertus.

Buphtalmum, *Oeil de Bœuf : Plante médecinale.*

Veut une terre graſſe & bien cultivée, ſe multiplie de ſemences & de plant enraciné ; les Fleurs de cette Plante miſes dans du vin ſont bonnes pour la jauniſſe.

Bupleurum, *Oreille-de-Lièvre.*

Vient ſans culture de ſemence & de plant.

Je n'en connois point les vertus.

Burſa paſtoris, *Tabouret : Plante medecinale.*

Il n'y a rien de ſi commun dans les champs & lieux incultes que cette Plante.

Elle eſt vulneraire & aſtringente : le ſuc de ſes feüilles bû depuis quatre onces juſques à ſix eſt d'un grand ſecours dans les pertes de ſang.

Butomus, * *Plante aquatique.*

Veut être dans l'eau, ſe trouve dans la Seine.

On n'en connoît point les vertus.

Buxus, *Boüis, ou Buis: Arbrisseau.*

Cet Arbrisseau est propre à faire des bordures de Parterre; veut être planté en terre moyenne, se multiplie de semence; on a plûtot fait d'en prendre des jettons: on aura soin de le tailler au cizeau en Septembre.

Les feüilles de Boüis sont ameres & sentent mauvais. On tire du bois de cet Arbre un esprit acide & une huile fetide. Querrectan estime fort cette huile pour l'Epilepsie, pour les Vapeurs & pour le mal de dents, rectifiée avec un tiers d'Esprit de vin; elle est fort adoucissante & fort aperitive: on en fait un liniment avec l'huile de Millepertuis pour le Rhumatisme & pour la goutte: on mêle cette huile non rectifiée avec du beure fondu pour en graisser le Cancer.

C.

C.

Cachris, *Armarinte : Plante aſſez belle.*

VEut être plantée en terre graſſe bien cultivée, & en belle expoſition ; ſe multiplie de ſemence & de plant enraciné.

On ne ſe ſert point de cette Plante en Médecine.

Calamintha, *Calament : Plante médecinale de bonne odeur.*

Veut un terroir ſec qui ne ſoit point fumé, aime d'être ſouvent arroſé, ſe multiplie de ſemence & de plant enraciné.

On ſe ſert de cette Plante à la maniere du Thé, pour provoquer les Ordinaires ; la Plante eſt ſtomacale diuretique & aperitive ; ſa décoction en lavement appaiſe la Colique.

Calceolus, *Sabot : Plante assez belle.*

On n'éleve guere cette Plante dans les Jardins, elle aime mieux la Campagne; elle se plaît à l'ombre; on la multiplie de semence & de plant enraciné.

Les vertus de cette Plante ne sont point connuës en Médecine.

Caltha, *Souci : Fleur.*

Cette Plante est propre pour orner un Parterre, ne demande pas grande culture, venant dans toute sorte de terre. Quand cette Plante aura été une fois semée dans un endroit, il sera inutile de la resemer, se multipliant assez d'elle-même.

Le Souci des Jardins n'a pas grande vertu : on se sert du Souci sauvage, qu'on nomme en Latin *Caltha arvensis.* L'infusion des feüilles & des fleurs de Souci dans du vin se prend dans la jaunisse, dans l'Hydropisie, & dans la petite Verole. L'eau de Souci est un execellent remede pour la rougeur des yeux : on applique les feüilles de cette Plante sur toutes sortes de Tumeurs.

Campanula, *Campanule : Fleur.*

Toutes les especes de Campanule veulent une terre grasse bien cultivée & bien exposée, viennent de semence & de plant. Les especes que Monsieur Tournefort a apportées de ses Voyages craignent les grands froids.

On ne se sert point de cette Plante en Médecine.

Cannabis, *Chanvre.*

Doit être semé avant dans

terre en Mars, veut être bien fumé.

Mathiole dit que la décoction des feüilles de Chanvre chasse les vents. Un chacun sçait que l'on donne la semence de Chanvre aux petits oiseaux & aux chevaux pour les échauffer.

Cannacorus, *Canne d'Inde : Plante tres-rare.*

Nous avons plusieurs especes de Cannes d'Inde tres-belles, qui demandent toutes autant de soin les unes que les autres; elles veulent une terre grasse & bien cultivée; elle craignent l'Hyver. On les seme en Avril sur couche bien chaude, pour être replantées en belle exposition & en Pot un mois aprés qu'elles seront levées.

On ne s'en sert point en Medecine.

Capparis, *Capprier : Arbrisseau Fruitier.*

Le Capprier, à ce que l'on m'a dit, vient dans le païs dans les terres labourables sans culture ; il n'en est pas de même ici ; je n'en ai vû qu'un au Jardin Royal, duquel on prend bien du soin, & si il n'y porte que rarement du fruit & en tres-petite quantité : on le seme au Printems en lieu sec & chaud : on le preserve des froids.

Le fruit du Capprier est bon en Salade pour exciter l'appetit, nettoyer l'estomach, & délivrer les opilations du foye & de la ratte. On le confit ordinairement comme les Cornichons dans le vinaigre.

Caprifolium, *Chevre-feüil :*
Arbrisseau.

Le Chevre-feüil est un Arbrisseau assez beau & propre pour faire des Berceaux. Il vient en toute terre, veut cependant un lieu chaud ; il se multiplie de Jettons & de Marcottes.

L'eau distillée de cette Plante guerit les inflammations des yeux : on la fait boire pour les maux de gorge.

Capsicum, *Poivre long, ou de Guinée.*

Se seme en Mars sur couche pour être replanté en bonne terre & en belle exposition, un mois aprés qu'il sera levé.

La Plante est annuelle.

On ne s'en sert point en Médecine.

Cardamindum, *Capucine : Fleur.*

La Capucine, tant grande que petite, veut être ſemée ſur couche en Mars, & être replantée en bonne terre & en belle expoſition; elle grimpe & fait du couvert.

La Plante eſt annuelle.

On confit la fleur de la petite eſpece dans du vinaigre pour la manger en Salade.

Cardiaca, *Agripaulme : Plante medecinale.*

Vient ſans culture dans les lieux incultes & raboteux, ſe multiplie de ſemence & de plant enraciné.

Cette Plante provoque les mois des femmes, fait uriner & cracher; délivre les poulmons, fait mourir les vers, aide les femmes qui ſont en travail.

Carduus, *Chardon : Plante medecinale.*

Vient ſans culture par tout, ſe multiplie de ſemence.

Le Chardon - benit chaſſe la Fiévre - quarte en prenant trois onces de ſon eau le matin à jeûn. Le même remede appaiſe la douleur des reins & la Colique; appliquée ſur des Ulceres les guerit.

La Chauſſe-trappe provoque l'urine & pouſſe la Gravelle.

Le Chardon-nôtre-dame a les mêmes vertus que la Chauſſe-trappe.

Le Chardon-roland, ou à cent têtes, provoque le flux menſtrual & l'urine ; l'eau diſtillée de ſes feüilles pouſſe la Verole, & eſt bonne pour les Fiévres-quartes, guerit les maux de cœur bûë avec decoction de Bugloſe & de Meliſſe. Car-

Carlina, *Carline : Plante médecinale.*

Veut être sémée & plantée en terre seche, pierreuse & en belle exposition.

La racine de la Carline mise en poudre, en prendre le poids d'un écu guerit de la Peste & la Retention d'urine; appliquée par dehors appaise la Goutte sciatique.

Carpinus, *Charme : Arbre.*

Veut une terre grasse & humide, se multiplie de Jettons : cet Arbre n'est propre que dans un Bois ou pour faire une avenuë.

On ne se sert point de cet Arbre en Médecine.

Carthamus, *Saffan bâtard : Plante médecinale.*

Veut une terre qui ne soit ni forte, ni fumée, veut une belle exposition & être souvent arrosée, se seme en Mars.

La Plante est annuelle.

La semence de Saffran bâtard purge doucement.

Carvi *.

Veut une terre grasse & humide, se seme en Mars.

Le Carvi fait uriner, appaise les Coliques, & provoque les mois des femmes. Ses feüilles pilées & mises sur les playes qui viennent aux jambes, y sont profitables.

Cariophillata, *Benoite : Plante médecinale.*

Veut une terre grasse & bien amendée, se multiplie de semence & de plant enraciné, ne demande pas grande culture.

Tragus dit que la racine de Benoite infusée dans du vin est

ſtomacale & emporte les obſtructions du foye : ce même vin eſt vulneraire & deterſif.

Caryophillus, *Oeillet : belle Fleur.*

L'Oeillet veut une terre vierge qui ne ſoit lourde, mais legere, bien criblée, mélangée de terreau bien pourri, avec une poignée ou deux de ſablon noir ; il ſe multiplie de Marcottes faites de cette façon : on fendra la moitié de la tige de la Marcotte, prés & au-deſſous d'un nœud ; on pouſſera la fente une ligne ou deux au-deſſus du nœud, puis vous fendrez juſte au milieu du nœud la moitié qui ne tient plus au pied, ce qu'on appelle talon, & auquel la racine vient ; vous coucherez vôtre Marcotte dans ſon Pot garni de terre preparée pour les Marcottes, & vous ficherez en terre au-deſſus de la fente, en tirant vers le pied, un petit crochet de bois qui tient enfoncée la tige de la Marcotte, de forte que fon talon ou coupure foit tout-à-fait couverte de terre. Il faut que le crochet foit bien enfoncé, qu'il faffe relever la Marcotte, & que fon talon fe trouve fitué tout droit. La terre propre à faire les Marcottes doit être fort legere; les racines y viennent mieux: arrofez bien vos Marcottes, laiffez-les 3. ou 4. jours à l'ombre pour s'affermir & pour prendre plus aifément racines, elles auront racines un mois aprés qu'elles auront été faites. Le tems de faire lefdites Marcottes eft quand la fleur eft paffée. En cas que les Marcottes fuffent trop longues & qu'on ne pût les enterrer dans le Pot, on aura de petits entonnoirs de fer-blanc dans lefquels on les fera. L'expoſition de l'Oeillet eſt au Nord; les Curieux les élevent de graines ſemées en Mars. Les neiges leur ſont contraires. Ceux qui voudront en ſçavoir davantage liront Pierre Morin Fleuriſte, Livre de grande utilité aux Curieux de cette Fleur.

Le Vinaigre ou la Conſerve de Fleurs d'Oeillets eſt un ſouverain remede contre la Peſte.

Caſſia, *Caſſe: Plante d'Amerique médecinale.*

On n'éleve guere cette Plante en ces Païs; j'en ai élevé qui ont paſſé l'Eſté aſſez belles; dabord qu'elles ont ſenti les approches de l'Hyver, elles ſont peries: on la doit ſemer ſur couche bien chaude, & la tenir ſous cloche pendant tout l'Eſté.

Un chacun ſçait qu'il n'y a guere de Médecine où la Caſſe n'entre.

Caſſida, *la Toque: Plante médecinale de bonne odeur.*

Veut un terroir ſec & bien expoſé, ſe multiplie de ſemence & de plant enraciné.

On tire une eau de cette Plante excellente pour les fluctions & enflures.

Caſtanea, *Châteigner : Arbre.*

Veut une terre graſſe & une belle expoſition pour porter ſon fruit en abondance : on le plante en Mars & ſeme en Octobre, on ne le relevera que trois ans aprés qu'il ſera levé.

Les Châteignes engraiſſent & ſont d'une aſſez bonne nourriture, mais elles reſſerent & produiſent des vents ; la decoction de Châteigne ſoulagent ceux qui ont le Cours de ventre.

Voyez l'Hiſtoire des Plantes

de Monſieur Tournefort, p. 410.

Cataria, *Herbe aux Chats.*

Vient de ſemences en Mars ſur couche pour être replantée en bonne terre & en belle expoſition, ſe multiplie auſſi de plant : on aura ſoin de garentir cette Plante des chats qui la détruiſent entierement.

Cette Plante eſt fort aperitive priſe comme le Thé, guerit les Vapeurs & provoque les Ordinaires.

Caucalis, * *Plante aſſez commune.*

Vient de ſemence & de plant en toute terre ſans culture.

On n'en connoît point les proprietez.

Cedrus, *Cedre : Arbre.*

Le Cedre n'eſt pas commun en France, ceux qui en auront

des semences les doivent semer en Mars, en terre bien preparée & en belle exposition : on les relevera pour les transplanter quatre ans aprés qu'ils seront levez.

On fait des Parfums du bois de Cedre.

Centaurium, *Centaurée : Plante médecinale.*

Tant grande que petite vient de graine & de plant enraciné dans une bonne terre bien amendée & bien exposée.

Les racines de Centaurée en decoction ou en poudre, provoquent les ordinaires, font uriner, purgent les humeurs flegmatiques, & font mourir les vers.

Cæpa, *Oignon.*

Se seme en tems doux, en terre grasse & bien labourée : pour faire groſſir les Oignons on marchera deſſus ſouvent.

Il n'y a guere de ragoût où l'Oignon n'entre.

Il eſt tres-bon & tres-ſalutaire pour l'eſtomach.

Ceraſus, *Cerifier : Arbre Fruitier.*

Le Cerifier ſe plaît dans des vallées : on le peut planter dans les Jardins en bonne terre & en belle expoſition : on le greffe pour qu'il porte fruit ſur des Merifiers.

La Confiture de Cerife eſt tres-agreable à manger ; elle fortifie l'eſtomach, & réjoüit le cœur.

Ceterac,* *Plante médecinale.*

Voyez *Aſplenium*, ci-devant p. 66.

Cereus, *Cierge.*

C'eſt un prodige de la nature

ſi l'on examine la beauté de cette Plante par rapport à ſes feüilles & à ſes fleurs ; ſes feüilles naiſſent d'une grandeur inconcevable, la maîtreſſe tige croît ordinairement de ſoixante ou quatre-vingt pids de haut, ornée de fleurs qui naiſſent ſur ſes côtez depuis le haut juſques en bas: on nous a apporté cette Plante d'Amerique ; les premieres venuës ſont peries, parce qu'on ne connoiſſoit pas dans ce tems le naturel de cette Plante : on en a depuis reçû un autre pied du Jardin d'Holande qui vient & croît fort bien. Il veut être planté en terre legere, & n'être guere arroſé ; dans les grandes chaleurs on l'arroſe plus ſouvent, dans l'Hyver point du tout peur de la pourriture:on le mettra tant qu'il fera froid dans un lieu ſec & où les gelées ne puiſſent penetrer.

Pendant l'Esté on lui choisira le lieu le plus exposé à la chaleur, & on le mettra sous la cage vitrée : on le multiplie de boutures en May.

Nous n'en connoissons point les vertus.

Cerinthe, *Melinet : Plante médecinale.*

Veut une terre grasse & une belle exposition, se seme en Mars sur couche, se multiplie de plant enraciné, craint les grands Hyvers.

Je n'en connois point les vertus.

Chærophillum, *Cerfeüil : Herbe potagere.*

Se seme en tems doux, en planche ou en bordure, en bonne terre & bien labourée.

Le Cerfeüil excite l'appetit, il est souverain pour faire uriner

& purifier le sang.

Chamædris, *Germandrée ou petit Chêne : Plante médecinale.*

Veut un lieu humide, se multiplie de plant enraciné, pourvû qu'on l'arrose souvent, & de semence en Mars.

Sa decoction prise en breuvage guerit les Fiévres-tierces, délivre les opilations de la ratte, & fait uriner.

Chamælea, *Camelée : Arbrisseau.*

Veut un terroir sec & bien exposé, se multiplie de jettons & de semences en Octobre.

Je n'en connois point les vertus.

Chamæmelum *Camomille : Plante médecinale de bonne odeur.*

Vient en toute terre, se seme en Mars & se replante en Avril en lieu chaud.

La Camomille est resolutive & laxative ; ses feüilles pilées avec du vin blanc, guerissent toute sorte de Fiévres.

Chamænerion, * *Plante médecinale.*

Veut un lieu humide & un terroir sec, se multiplie de semence & de plant.

Arrête le Flux-de-sang venant par le nez ; elle est propre aux Dysenteries, & aux Flux des femmes.

Chamæpitis, *Yvette* : *Plante medecinale.*

Vient assez facilement dans les lieux ombrageux, se multiplie de plant enraciné en Septembre & de semence en Mars.

Elle est diuretique & propre pour provoquer les Ordinaires.

On la fait infuser dans du vin.

Chelidonium, *Chelidoine ou Esclaire : Plante médecinale.*

Se plaît dans les lieux pierreux & froids, ne demande pas culture, venant par tout de son bon gré.

Le jus de ces fleurs mêlé avec le miel, ôte la Taye des yeux, guerit les Dartes ; appliquée sur les Mammelles, arrête l'abondance de lait.

Chenopodium, *Patte-d'Oye : Plante médecinale.*

Quand elle aura une fois été semée, elle viendra par aprés plus que l'on ne voudra.

Fuchsius & Tragus assurent que le *pes anserinus* fait mourir les Cochons ; pour ses autres vertus, voyez *Atriplex* Arroche, page 68.

Chondrilla, *Condrille.*

Voyez *Sonchus*, ci-aprés lettre S.

Criſtophoriana *.

Voyez *Aconitum*, Aconit, ci-deſſus, page 32.

Chriſanthemum, * *belle Fleur.*

Se ſeme en Mars ſur couche pour être replanté en Avril en belle expoſition, craint les grands Hyvers.

On n'en connoît point les vertus.

Cicer, *Poids-ciches : Plante médecinale.*

Le Poid-ciche eſt tres-long à lever ; il faut le ſemer en Septembre & le remettre ſur couche en Mars. Je crois la Plante vivace.

Le Pois-ciche excite les vents & augmente la ſemence.

Cichorium, *Chicorée, Herbe portager.*

Veut être ſemée en Mars ſur couche, pour être replantée en planche pour blanchir ; on aura ſoin de la lier peur qu'elle ne monte : on l'arroſera ſouvent. Il n'eſt pas beſoin de lier la Chicorée ſauvage, elle ſe cultive de même que la commune.

La decoction de Chicorée bûë en forme d'apozeme, guerit la Jauniſſe. Le jus de Chicorée bû de deux jours l'un à jeun, appaiſe le crachement de ſang.

Cicuta, *Ciguë : Plante médecinale.*

Vient ſans ſoin & ſans culture plus que l'on ne veut en toute terre.

Les feüilles de cette Plante ſont tres-adouciſſantes & reſolutives boüillies avec du lait : on les aplique

plique sur les Hemorroïdes.

Cinara, *Artichaud.*

Les Artichauds se multiplient d'œilletons sur la fin de l'Automne en terre grasse bien labourée : on les plante à un & pied demi de distance les uns des autres ; un quarré d'Artichauds dure trois ans : à l'entrée de l'Hyver on coupe leurs feüilles, & on les couvre de grand fumier sec ; on les labourera au commencement de Mars ; on les arrosera deux fois la semaine dans les grandes chaleurs. Le tems de faire des Cardes d'Artichauds est l'Automne ; pour cela on les lie & on les envelope de paille ou de vieux fumier jusques au haut, de maniere que il n'y ait que l'extremité des feuilles qui passe : on choisira pour cela les vieux pieds qu'on veut ruïner.

La racine d'Artichaud cuite en vin & bûë eſt bonne pour la dificulté d'urine, pour la Chaude-piſſe, Verole, & autres maladies Veneriennes.

On les mange quand ils ſont jeunes cruds avec du Sel & du Poivre.

Circæa *.

Veut un terroir gras & humide, ſe multiplie de ſemence & de plant.

On ne s'en ſert point en Medecine.

Cirſium, * *Eſpece de Chardon.*

Voyez *Carduus*, ci-devant, page 96.

Ciſtus, *Ciſte: Arbriſſeau.*

Se plaît en terre bien cultivée & en belle expoſition, ſe multiplie de ſemences.

Toute la Plante est astringente.

Citreum, *Citron* : *Arbre.*

Vient de semence & est bon à greffer au bout de trois ans : pour sa culture & ses vertus, voyez *Aurantium*, Oranger, p. 69.

Clematitis, *Clematite* : *Plante médecinale.*

Cette Plante est tres-propre à faire des Berceaux ; elle se multiplie de plant enraciné en bonne terre & en belle exposition.

Les feüilles sont caustiques & brûlantes.

Clinopodium, * *Plante de bonne odeur.*

Veut un terroir gras bien cultivé & une belle exposition, se multiplie de semence & de plant.

Toute la Plante est caustique

Climenum, * *Espece de* Latyrus.

Voyez Lathyrus ci-aprés, lettre L.

Cnicus, *Espece de Chardon.*

Voyez Chardon, ci-devant, page 96.

Cochlearia, *Herbe aux Cuilliers: Plante médecinale.*

Se plaît en terre grasse & à l'ombre, se multiplie de plant enraciné.

Les feüilles & les racines du *Cochlearia* sont bonnes pour les maux de gorge.

Colchicum, *Colchique : Fleur.*

Le Colchique ne demande pas une grande industrie, car il fleurit en quelque endroit qu'il soit, vient de ses cayeux : on le leve de terre vers le mois de May,

& on le replante quinze jours aprés.

Laurembergius ubi de bulbis.

Je n'en connois point les vertus.

Colocasia, * *Espece d'Arum d'Egipte : Plante tres-rare.*

Cette Plante demande beaucoup de soin & de culture, venant d'un Païs tres-chaud : on aura soin de la planter en bonne terre & en belle exposition ; elle se multiplie de ces bulbes ; elle craint l'humidité & les froids de l'Hyver : on ne l'arrosera presque point dans l'Hyver peur de la pouriture ; elle n'a jamais fleuri dans ce Païs.

Elle n'a aucune vertu.

Colocynthis, *Coloquinte : Plante médecinale.*

Toutes les especes de Coloquintes viennent de semences sur

couche en Mars, pour être replantées en bonne terre & en belle exposition en Avril. Il faut les arroser souvent pendant les chaleurs, & leur mettre un échalas pour qu'elles puisse grimper & s'attacher.

Le Fruit de la Coloquinte est amer, purgatif & laxatif.

Coluthea, *Baguenaudier:* *Arbrisseau.*

Demande une terre grasse bien amendée, se multiplie de semence, non de plant, veut être en belle exposition pour bien fleurir; ceux qui viennent des Païs étrangers craignent l'Hyver & demandent plus de chaleur: on les semera sur couche.

Quelques-uns ont cru que la Plante dont nous parlons étoit le Sené, ils se trompent.

Nous ne connoissons point les

vertus de cet Arbrisseau.

Consolida, *Consoude.*

Voyez *Simphitum*, ci-aprés, lettre S.

Convolvulus, *Liseron : Plante medecinale.*

Les especes de Liseron de ces Païs viennent plus que l'on ne veut sans soin & sans culture. Les étrangers demandent un peu de culture : on les seme sur couche, & on les y laisse pour leur donner plus de facilité pour fleurir & grainer.

Toutes les especes de Liseron sont annuelles.

Le Liseron commun est purgatif, appliqué exterieurement est vulneraire.

Coniza, *Conise ; Plante médecinale.*

Veut être plantée en bonne

terre & en belle exposition, se multiplie de semence & de plant enraciné.

On fait boire ces feüilles infusées dans du vin pour provoquer les mois des femmes, pour la Dysenterie & pour la Chaudepisse. Son suc mêlé avec de l'huile en forme de liniment, guerit les maux de tête.

Les feüilles sont tres-bonnes contre les morsures de serpens & d'autres animaux venimeux.

Voyez Galenus & Discorides.

Coralloides, * *Plante naturelle.*

Vient sans culture comme les mousses, se trouve dans la Forêt de Saint-Germain, dans les lieux secs du Bois de Boulogne, à Versailles & à Meudon.

Histoire des Plantes des environs de Paris, page 422. & 423.

Je n'en connois point les proprietez.

Corian-

Coriandrum, *Coriandre : Plante médecinale.*

Demande un terroir gras & une belle expoſition, ſe ſeme en Mars ſur couche.

La Plante eſt annuelle.

La Coriandre eſt bonne pour l'eſtomach, arrête le flux de ſang, chaſſe les vents : on ne s'en ſervira cependant qu'avec moderation.

Coris, * *eſpece de Veſce.*

Vient en toute terre ſans culture, ſe multiplie de ſemence & de plant ; la Plante trace beaucoup dans terre.

On n'en connoît point les vertus.

Cornus, *Cornoüiller : Arbre.*

Cet Arbre n'eſt propre que dans un bois ou dans une haye ;

il veut un terroir ſec & pierreux, ſe multiplie de ſes fruits & de jettons.

Le fruit arrête la Dyſenterie & Cours de ventre.

Corona-Imperialis, *Couronne-Imperiale : Fleur.*

La Couronne-Imperiale ſe multiplie de deux façons, & de ſemence & de ſes bulbes. L'on doit mettre ſa ſemence dans terre devant l'Automne ; mais cette propagation eſt bien longue, car vous n'aurez des fleurs qu'au bout de huit ans, & bien ſouvent degenereront-elles ; elle ſe multiplie plus aiſément de ſes bulbes ; vous les tirerez de terre environ vers le mois de May, & vous les ſeparerez de leur pied, puis les replanterez en terre graſſe & en belle expoſition ; au bout de trois ans elles fleuriront.

On n'en connoît point les proprietez.

Corona Solis, *Soleil : Fleur.*

Vient en toute terre ſans culture, veut cependant une belle expoſition ; ſe mulitiplie de plant enraciné. Les grandes eſpeces de Soleil demandent plus de ſoin : on les ſemera ſur couche en Mars : on les replantera en bonne terre quinze jours aprés qu'ils ſeront levez, & en belle expoſition.

Ils ſont annuels, & n'ont aucune vertu : on ſe ſert ſeulement du Taupinambours, qui eſt une eſpece de Soleil, que l'on mange.

Coronilla, * *Arbriſſeau.*

Veut être planté en bonne terre & en belle expoſition, ſe multiplie de ſemence en Avril, & de jettons en Septembre. Les especes étrangeres se cultivent de même, exceptez qu'ils craignent l'Hyver. Ce petit Arbrisseau est tres-joli dans un Parterre.

Il n'a aucune vertu.

Coronopus, *Corne-de-Cerf: Plante médecinale.*

Vient en tous endroits, exposez au Soleil ou non, veut cependant une terre grasse, se multiplie de semence & de plant.

La plante est astringente, froide & seche; elle fortifie les reins, arrête le Flux-de-sang: on la mange aussi en Salade.

Corilus, *Noisetier: Arbre.*

Se trouvant dans les bois fort communement, ne demande culture.

Son fruit est difficile à digerer & resserre le ventre.

Cotinus, *Fuſtet : Arbre.*

Demande une bonne terre & une belle expoſition, ſe multiplie de jettons en Octobre.

Je n'en connois point les vertus.

Cotula, * *eſpece de Camomille.*

Demande une terre ſeche & bien expoſée, ſe multiplie de ſemence en Mars. Je crois la Plante annuelle.

Pour ſes vertus, voyez Camomille, ci-deſſus page 108.

Cotyledon, * *Plante médecinale.*

Demande une terre graſſe & à l'ombre, ſe multiplie de plant enraciné en Avril, ſe ſeme de ſoi-même, veut être beaucoup arroſée, les grands froids lui ſont contraires.

La Plante eſt tres-froide, elle eſt bonne pour l'Ereſipel, elle pousse l'urine & le calcul.

Crambe, *Chou Marin.*

Veut une terre qui ne soit ni grasse ni seche, se multiplie de semence en Mars, & de plant enracinée en Octobre, se plaît en belle exposition.

Les vertus de cette Plante ne sont point connuës.

Ctratesgus, *Alisier : Arbre.*

Ne demande culture, se trouvant communément dans les bois.

Les Fruits de l'Alisier sont tres-bons & agreables à manger ; on les laisse mollir comme les Nefles. Ils arrestent le cours de ventre & resserrent. Il n'en faut point manger avec excez.

Christa-galli, *Creste de Coq: Plante médecinale.*

Voyez ci-aprés, *Pedicularis*, lettre P.

Chritmum, *Bacile : Plante médecinale.*

Demande une terre grasse & bien cultivée, se multiplie de semence & de plant.

La Percepierre que l'on mange en Salade est une espece de *Chritmum* : on la semera sur couche, & on la replantera en belle exposition & en bonne terre : plus on la coupe, plus elle repousse.

La Percepierre décharge les reins, chasse la Gravelle, provoque l'urine : on la mange en Salade, on la confit dans le vinaigre.

Crocus, *Saffran : Fleur.*

Vient en bonne terre, ſe multiplie de ſes cayeux vers la fin de May, ſe replante en Automne, veut une belle expoſition ; les Automnaux ſe relevent en Avril, & ſe replantent auſſi-tôt.

Le Saffran eſt bon pour l'eſtomach.

Cruciata, *Croiſette : Plante médecinale.*

Vient ſans beaucoup de culture à l'ombre, ſe multiplie de plant & de ſemence.

La plante eſt vulneraire.

Cucubalus *.

Voyez *Alſine* Morgeline, ci-devant, page 40.

Cucumis, *Concombre.*

Les Concombres se doivent lever sur couche & sous cloches; on les semera en Fevrier; on les couvrira tous les soirs, & même pendant le jour s'il geloit, jusqu'à ce que le tems soit arrêté: on les transplantera sur une autre couche en Avril, & on les tiendra chaudement jusqu'en Juin qu'on les déclochera; on aura soin de couper les branches inutiles & de les arrêter; on les arrosera deux fois la semaine dans les grandes chaleurs.

La graine de Concombre est une des quatre Semences froides. Le fruit se mange en Salade confit en vinaigre, mais il n'en faut point faire excez; il pousse les urines. La Plante est aperitive.

Cucurbita, *Callebasse.*

Voyez *Colocynthis*, Coloquinte, ci-devant, page 117.

Cuminum, *Cumin : Plante médecinale.*

Se seme en Mars en bonne terre & en belle exposition.

La Plante est annuelle.

La Plante est astringente, rafraichissante, & arrête le Flux de sang.

Cupressus, *Cyprés : Arbre.*

Le Cyprés vient de sa graine que l'on semera en Automne dans une bonne terre ; quand ils auront acquis un pied de haut on les plantera en pepiniere, en terre bien labourée, & en belle exposition : on les arrosera souvent jusqu'à ce qu'ils soiént un peu forts.

Les feüilles, les fruits & les semences sont astringentes & caustiques, dessechent les Ulceres mises en cataplasme. La decoction de ses feüilles arrête toute sorte de Flux ; les feüilles mises dans les hardes empêchent que les vers ne s'y mettent.

Cuscuta, *Cuscute : Plante médecinale.*

La Cuscute se trouve presque sur toutes les Plantes en Juin, Juillet & Aoust : on la trouve ordinairement sur la Ronce, le Houblon, le Lin, sur le Thim, sur la Timbre, & sur toutes les Plantes boiseuses, comme dit Dodonée *Pempt.* 4. *lib.* 3. page 554.

Reperitur Junio, Julio & Augusto mensibus in rubo, vepribus, lupulo & lino, major crassior & candidior: in thimo vestro thimbrà & aliis bu-

milioribus ac durioribus ut eringio genistà & aliis tennior ac ruffior.

La Cuſcute purge les humeurs bilieuſes, mélancoliques & pituiteuſes, ſert dans les maladies Veneriennes, & pour les Ulceres: on la fait prendre contre les Fiévres Quartes.

Cyanus, *Bluet*, *Barbeau : Fleur.*

Le commun vient dans les champs avec les Bleds; les autres eſpeces étrangeres demandent ſoin : on les ſemera ſur couche chaude, on les replantera en bonne terre & en belle expoſition, & on les preſervera de l'Hyver.

Le Bluet commun ſert pour les inflammations des yeux.

Cyclamen, *Pain de Pourceau : Fleur.*

Lès Automnaux viennent fort

aisément, sans soin, en bonne terre & à l'ombre. Je me suis laissé dire que la Forêt d'Orleans étoit pleine de cette Plante; ceux du Printems, d'Esté & d'Hyver demandent plus de soin; ils se multiplient comme les autres, craignent l'Hyver, veulent être plantez en bonne terre & en belle exposition; on ne les arrosera que tres-peu peur de la pourriture.

On dit que l'Oignon du *Ciclamen* desseché & mis en poudre dans du vin, sert beaucoup aux Asthmatiques; les feüilles mises en cataplasme sont bonnes pour les morsures des bêtes venimeuses.

Cydonia, *Coignassier : Arbre Fruitier.*

Veut être planté en bonne terre : on se sert de cet Arbre pour greffer de belles Poires. Il se multiplie de pepin.

Le fruit cuit en Confiture est astringent.

Cynoglossum, *Langue de Chien : Plante médecinale.*

Vient en toute terre sans soin & sans culture.

Les feüilles cuites en vin & bûës lâchent le ventre, excitent les humeurs acres : la racine cuite sous les cendres, & appliquée sur les Hemoroïdes, les fait cesser.

Cyperus, *Souchet : Plante médecinale.*

Veut un terroir gras bien cultivé & une belle exposition, se multiplie de semence & de plant enraciné.

Les racines du Souchet sont astringentes, & dessechent les playes. Dioscoride s'en servoit dans l'Hydropiſie & dans le calcul.

Cytiſus, *Citiſe* : *Arbriſſeau.*

Voyez *Coluthea*, Baguenaudier, ci-devant, page 118.

D.

Damaſonium, * *Plante aquatique.*

SE plaît dans les mares & lieux aquatiques.

Je n'en connois point les vertus.

Daucus, *Carotte* : *Herbe potagere.*

Se ſeme en Mars en terre bien preparée : on la ſemera fort claire : en cas qu'elle levât trop dru on l'éclaircira ; on pourra en replanter ; on prendra garde de ne pas couper de ſes racines : on la releve en Automne pour la manger ; on ne relevera point celles dont on voudra avoir de la graine.

On mange ordinairement cette racine dans le potage : on n'en mangera pas beaucoup, étant malfaiſante, & échauffant par trop.

Delphinium, *Pied d'Alloüette : Fleur.*

Veut une bonne terre & une belle expoſition, ſe ſeme en Octobre ; quand elle aura une fois été ſemée dans un lieu, il ſera inutile de la reſemer, vû qu'elle ſe reſeme d'elle-même en abondance.

La graine de Pied d'Alloüette bûë en vin eſt bonne contre la morſure des bêtes venimeuſes, arrête le Flux-de-ſang, & chaſſe la Gravelle.

Dens leonis, *Pissenlit : Herbe medecinale.*

Vient plus que l'on ne veut sans soin & sans cuture.

Cette Plante est aperitive, diuretique, vulneraire & febrifuge; elle purifie le sang par les urines : on s'en sert dans la Colique nefretique, & dans la Retention d'urine; la ptisane de ses racines fait passer les urines, & convient à toutes sortes de Fiévres.

Voyez Monsieur Tournefort, page 192.

Dictamnus, *Dictam : Plante médecinale.*

Le commun vient & se plaît dans les lieux incultes : on le multiplie de plant enraciné.

Celui de Candie est plus difficile à faire venir : on le tiendra le plus chaudement que faire se pourra ; il est bon de le tenir toûjours sous cloche ; on la levera un peu dans les grandes chaleurs, peur de brûler la Plante : on la multiplie de Boutures & de Marcottes en Juin. Pendant l'Hyver on le mettra dans un lieu sec & exempt des gelées : on ne l'arrosera en Serre qu'une fois la semaine, en Esté tous les deux jours. Il est bon de renouveller la Plante tous les deux ans ; elle fleurit sur la fin de Juin ; elle ne porte point de graine en ce Païs. Dioscoride assure qu'elle ne porte ni fleur ni graine, ce qui est faux. Virgile lui contredit au 12. de son Eneïde, lorsqu'il dit :

Dictamnum genitrix Cretæa carpit ab Ida, puberibus caulem foliis & flore comantem purpureo.

Les feüilles de Dictam de Crete infusées à froid dans de l'eau, servent beaucoup aux femmes qui sont en travail d'enfant, & provoquent les mois. On en fait boire le suc dans du vin contre les morsures des bêtes venimeuses; la Plante appliquée en cataplasme est bonne pour toutes sortes de blessures; elle entre dans la composition du Theriaque.

Le Dictam commun peut servir au défaut de celui de Candie.

Dentaria; *Dentaire: Herbe médecinale.*

Veut une terre grasse, & à l'ombre, se multiplie de semence & de plant enraciné.

La Plante est tres vulneraire: on la fait prendre dans les maladies du poulmon & des entrailles.

Digitalis, *Digitale : Plante médecinale.*

Veut être plantée en terre grasse & bien exposée au Soleil, se multiplie de semence & de plant enraciné.

Monsieur Tournefort nous en a apporté une qui demande plus de soin, elle en merite bien la peine, c'est une des plus belles Plantes que nous ayons ; elle craint l'Hyver ; elle se multiplie de semence en bonne terre & en belle exposition.

Les feüilles de la Digitale commune purgent doucement. Il y en a qui assurent que c'est un poison.

Dipsacus, *Chardon à Foulon.*

Veut une terre grasse & fumée, se seme en Mars.

Cette Herbe n'a aucune vertu en Médecine.

Les Bonnetiers s'en servent pour gratter la laine.

Doronicum, *Doronie : Plante medecinale.*

Se plaît dans les lieux humides, se multiplie de semence & de plant.

Dioscoride assure que c'est un poison pour les loups, les cochons, & les scorpions. Theophraste dit que la racine bûë en vin est bonne pour la morsure des scorpions. Gesnerus assure qu'elle n'est point un venin, & qu'elle sert dans les maladies de l'homme, ce qu'il a sçû par experience.

Doricnium, * *espece de Tresle.*

Voyez ci-aprés, lettre T. *Trifolium*, Tresle.

*Dracocephalon *.*

Quoique cette plante vienne d'un Païs tres-chaud, elle n'est pas difficile à cultiver, elle se multiplie de plant enraciné en bonne terre & en belle exposition.

On n'en connoît point les vertus.

Dracunculus, *Serpentaire : Plante médecinale.*

Veut être plantée en terre grasse & à l'ombre, se multiplie de ses bulbes.

Sa racine bûë dans du vin purge & chasse toutes les serositez qu'on a dans le corps.

On dit qu'un homme qui aura frotté ses mains des feüilles ne sera jamais piqué des bêtes venimeuses.

E.

Ebulus, *Yeble : Plante médecinale.*

NE demande culture, les champs en étant remplis.

Les racines de l'Yeble chassent la Pituite & toutes les humeurs bilieuses : on s'en sert dans les purgations des Hydropiques: on la fait boire dans du vin pour toutes ces maladies. L'huile exprimée de la semence d'Yeble est adoucissante & resolutive.

Echinopus, * *espece de Chardon.*

Voyez *Carduus*, Chardon, ci-devant, page 96.

Echium, *Viperine : Plante medecinale.*

Veut une terre grasse & une belle exposition : au défaut de graine, se multiplie de plant enraciné.

Sa racine bûë dans du vin sert contre la morsure des bêtes venimeuses.

Elatine, *Velvote : Plante médecinale.*

Voyez *Linaria*, ci-aprés lettre L.

Elichrisum, *Immortelle : Fleur.*

Les especes qui se trouvent dans les campagnes ne demandent culture : je n'en connois qu'une espece qui soit difficile à cultiver, & qui perisse aisément ; c'est celle que les Jardiniers connoissent sous le nom de Bouton d'or : on la plantera en bonne terre & en belle exposition, on la preserve-ra des gélées pendant l'Hyver ; elle se multiplie de boutures en Avril.

L'Immortelle n'a aucune vertu.

Emerus, * *Arbrisseau.*

Voyez *Coluthea*, ci-devant, page 118.

Enula Campana, *Aunée: Plante médecinale.*

Voyez *Helenium*, ci-aprés, lettre H.

Ephemerum, * *Plante medecinale.*

Se plaît dans les lieux ombrageux, & presque aquatiques; au défaut de plant vient de semence.

Sa racine appliquée sur les dents en appaise la douleur, ses feüilles cuites en vin chassent les humeurs.

Epimedium, * *Plante médecinale.*

Demande un terroir gras & bien cultivé, se multiplie de semence & de plant enraciné.

Galenus assure que la Plante est tres-rafraichissante.

Equisetum, *Presle, ou Queuë de Cheval : Plante médecinale.*

Ne demande culture, venant en tous terroirs, gras, pierreux, secs, & arides.

La Plante est astringente & vulneraire : on ordonne sa decoction dans le crachement de sang, pour toutes sortes d'Hemorragies, & pour les Mois des femmes.

Erica, *Bruyere : Plante médecinale.*

Cette Plante est fort commune dans tous les Bois & lieux incultes.

La décoction de la Bruyere est diuretique : on se sert de l'huile des fleurs de cette Plante pour les Dartes du visage. La fomentation des fleurs appaise la Goutte.

Eruca, *Roquette : Herbe medecinale.*

Ne demande culture, venant par tout ; se multiplie de semence.

Sa semence purge par les urines, & est bonne pour la morsure des bêtes venimeuses. La fomentation de la Roquette arrête la Toux des petits enfans. La feüille mangée en Salade excite Venus ; c'est de-là qu'on dit,

Excitat ad Venerem tardos Erucæ maritos.

Eringium, *Panicaut ou Chardon Roland.*

Pour sa culture & ses vertus, voyez *Carduus* ci-devant, p. 96.

Erisimum, *Velar ou Tortelle : Plante médecinale.*

Vient en toute terre, de semence & de plant enraciné.

Le Velar eſt propre dans toutes les maladies du poulmon, dans la Toux & dans l'Aſthme.

Eſula, *Eſule*, *Plante médecinale.*

Voyez ci-aprés, *Tithimalus*, lettre T.

Evonimus, *Fuſain : Arbriſſeau.*

Vient en toute terre & en toute expoſition, ſe multiplie de ſemence & de Jettons.

Le fruit de cette Plante purge par haut & par bas. Les païſans à la campagne ſe ſervent de la decoction des graines pour faire mourir les poux.

Eupatorium, *Eupatoire : Plante médecinale.*

Au défaut de graine vient de plant enraciné en terre graſſe.

Les feüilles de cette Plante

bûës en ptisanne emporte les obstructions des visceres, soulagent les Hydropiques, ceux qui ont les pâles couleurs, la galle, & quelques maladies de la peau; les racines purgent par haut & par bas.

Voyez Monsieur Tournefort, page 193.

Euphorbium, *Euphorbe : Plante tres-rare.*

Je crois que cette Plante n'est qu'au Jardin Royal; on la démontre tous les ans pendant l'Ecole. Cette Plante demande beaucoup de chaleur & de culture : on la plantera en bonne terre; elle se multiplie de boutures en Juin; la Plante veut être sous un chassis de verre pendant tout l'Esté, & dans l'Hyver dans un endroit sec & exempt des gelées : on ne l'arrosera point du tout pendant l'Hyver, & tres-peu pendant l'Esté.

Ses vertus ne sont point connuës.

Euphrasia, *Eufraise : Plante médecinale.*

Veut une terre humide & un lieu ombrageux ; au défaut de semence vient de plant enraciné.

La Plante fortifie & éclaircit la vûë : pour ce on prend trois gros de la poudre d'Eufraise dans un verre d'eau de Fenoüil ou de Verveine.

Arnaud de Villeneuve louë beaucoup le vin d'Eufraise pour les yeux.

Dodonée *pempt.* 1. *lib.* 2. *p.* 54.

F.

Faba, *Febve : Legume.*

SE ſeme en May en terre graſſe bien labourée & en belle expoſition.

Le moins qu'on peut manger de Febves eſt le meilleur, étant tres-rudes à digerer, & ne faiſant aucun bon effet au-dedans.

Fabago, * *Eſpece de Capprier.*

Vient de ſemence au défaut de plant, en terre bien cultivée & bien expoſée.

Ses vertus ne ſont point connuës.

Fagonia, * *eſpece de Valeriane.*

Voyez *Valeriana*, Valeriane, ci-aprés lettre V.

Fagopyrum, *Bled Sarrazin: Grain.*

Se ſeme en Mars en terre bien preparée & bien graſſe.

Il y a des Païs où l'on fait du pain avec le Bled Sarrazin : on le donne aux environs de Paris aux pigeons , aux poules & autres animaux domeſtiques.

Fagus, *Heſtre ou Fouteau : Arbre.*

Ne demande culture étant fort commun dans les Bois.

Les feüilles de l'Heſtre ſont rafraîchiſſantes & aſtringentes ; on s'en ſert pour toutes ſortes d'Inflammations : appliquées ſur les levres gueriſſent les enlevûres.

Ferrum Equinum , *Fer à cheval : Plante fort jolie.*

Se ſeme ſur couche en Mars ; pour être replantée en bonne terre & en belle expoſition.

La plante eſt annuelle & n'a aucune vertu.

Ferula, *Ferule: Plante médecinale.*

Veut être plantée en terre graſſe bien cultivée & en belle expoſition, ſe multiplie de ſemence & de plant enraciné.

Dioſcoride aſſure qu'elle arrête le ſeignement de nez, & que miſe dans du vin & bûë, eſt bonne pour la morſure de vipere.

Ficus, *Figuier: Arbre Fruitier.*

Je crois qu'il eſt tres-inutile de rapporter ici pluſieurs Hiſtoires qui n'aboutiſſent à rien, ce qu'ont fait pourtant pluſieurs Auteurs qui ont décrit la maniere de cultiver des Figuiers; il faut ſeulement ſçavoir la maniere de les élever & de les conſerver.

Le Figuier vient de Marcottes & de Boutures, en Avril: on le plantera en bonne terre & en belle expoſition : on le preſervera des gelées en le couvrant de fumier s'il eſt en plaine terre ; ou en le ſerrant s'il eſt en caiſſe : on ne taille preſque point le Figuier.

La meilleure eſpece de Figue eſt la blanche, c'eſt-à-dire celle qui a le pepin blanc.

Les Figues lâchent le ventre & nettoyent les conduits ; elles ſechent, échauffent un peu, & rendent le ſang mauvais : un peu de cotton trempé dans le lait du Figuier mis ſur les dents en appaiſe la douleur.

Ficoïdes, * *Plante tres-rare.*

Toutes les eſpeces de Ficoïdes demandent ſoin & culture : on les tiendra toute l'année ſur couche, ſi faire ſe peut : on les plantera en bonne terre ; la Plante aime beaucoup la chaleur, craint fort le froid & l'humidité ; elle se cultive comme l'*Asclepias Affricana*, Aizooïdes, ci-devant page 62.

Elle n'a aucun usage en Medecine.

Filago seu Impia, * *Herbe médecinale.*

Vient assez aisément sans beaucoup de soin, veut une bonne terre & une belle exposition, se multiplie de semence & de plant enraciné.

La Plante est astringente ; l'eau distillée est bonne pour le Cancer qui vient sur les Mamelles : Voyez Dodonée *pempt.* 1. *lib.* 3. *pag.* 67.

Filicula,* *espece de Fougere.*

Il n'y a guere de bois où cette Plante ne soit en abondance.

Voyez *Adiantum* pour ses vertus, ci-devant page 33.

Filipendula, * *Plante médecinale.*

Veut un terroir gras & à l'ombre, se multiplie de semence & de plant enraciné ; la Plante est fort jolie.

La racine pousse le calcul & l'urine.

Filix, *Fougere* : *Plante médicinale.*

Cette Plante se trouvant fort communement dans les Bois ne demande culture.

La racine de Fougere est adoucissante & aperitive, un gros de racine de Fougere fait mourir les vers ; la Fougere donne beaucoup de sel, ce qui sert à faire du Verre & du Savon.

Fluvialis, * *Plante aquatique.*

Cette Plante naît dans la Seine

entre Suresne & Séve.

Histoire des Plantes des environs de Paris, page 196.

Je ne connois point les vertus de cette Plante.

Fœniculum, *Fenoïl : Herbe médecinale.*

Veut être planté & semé en bonne terre & en belle exposition.

La semence de Fenoïl chasse les vents bûë dans du vin, est bonne contre les morsures des bêtes venimeuses, & pousse l'urine.

Les racines chassent les obstruction des visceres, & provoquent les Ordinaires.

Voyez Mathiole.

Fænum Græcum, *Fenu Grec : Plante médecinale.*

Veut être semé en Mars en

bonne terre & en belle exposition.

La Plante eſt annuelle.

Le Suc de Fenu Grec pris au-dedans, décharge toutes les humeurs qui pourroient y être, lâche le ventre, & eſt bon pour le Rheume.

Fragaria, *Fraiſier : Fraiſes.*

Les Fraiſiers tant blancs que rouges, ſe multiplient de plant enraciné; le nouveau plant qui vient dans les Bois, réuſſit mieux tranſplanté que celui qui vient des Jardins : on les plante en planche ou en bordures, en terre bien preparée & labourée : on les doit eſpacer de neuf à dix poûces : on les replante en May & au commencement de Juin avant les grandes chaleurs; on les plante auſſi en Septembre; le Fraiſier ne dure que deux ans : on les arrosera bien pendant les grandes chaleurs ; on ne laissera à chaque pied que trois ou quatre montants des plus forts, & on coupera les autres : on leur coupera la vieille fane quand les fraises seront finies.

Les racines & les feüilles de Fraisiers se mettent dans les ptisannes rafraichissantes ; les Fraises sont bonnes pour la Dysenterie, & appaisent la soif.

Fraxinella, *Fraxinelle : Plante médecinale.*

Veut un terroir gras & à l'abri de la bise, elle se multiplie de plant enraciné & de semence : on l'arrosera & cultivera bien au besoin.

La Fraxinelle provoque les Ordinaires & l'urine, sert aux femmes qui sont en Travail, & est bonne contre tous poisons &

morſures de bêtes venimeuſes ; elle entre dans la compoſition du Theriaque.

Fraxinus , *Freſne : Arbre.*

Les Freſnes demandent un Païs bas & aquatique , ne veulent point une terre ſeche ni ſabloneuſe , mais graſſe & humide ; ſe multiplient de jettons.

Les feüilles de Freſne bûës en vin ſont bonnes contre les morſures des bêtes venimeuſes , à ce que dit Dioſcoride. Pline dit que les ſerpens ont tant en horreur le Freſne , qu'ils en fuyent même l'ombre ; l'écorce eſt aſtringente.

Fritillaria *ou* Meleagris, *Fritillaire : Fleur.*

Veut une terre qui ne ſoit point fumée , mais legere ; elle vient de ſemence & de bulbes ;

la

la semence reste trois ans dans terre sans lever ; elle sera plus sûre dans un pot qu'en plaine terre, parce qu'elle s'enfonce & que l'on est en danger de la perdre : on ne la leve de terre que pour en ôter le peuple qu'on replante aussi-tôt, & cela en Juin.

On ne connoît point les vertus de cette Fleur.

Fucus, * *Plante aquatique.*

Se trouve & se plaît dans les lieux aquatiques.

Elle n'a aucune vertu.

Fumaria, *Fumeterre : Plante medecinale.*

Vient en toute terre sans soin & sans culture plus que l'on ne veut.

La Fumeterre purge par les urines, & est bonne pour toutes les maladies Veneriennes.

Fungus, *Champignon.*

On défait ordinairement les vieilles couches de Melons, & prend le fumier chanci pour en faire les couches à Champignons : on les fait en dos d'âne, puis on met l'épaiſſeur de trois poûces de terreau deſſus, & on les recouvre par là-deſſus de fumier ſec ; le tems de faire leſdites couches eſt au mois de Mars.

Les bons Champignons viennent ordinairement ſans ſoin ſur les bruyeres.

Les Champignons s'employent dans tous les ragoûts.

G.

Galega, * *Plante médecinale.*

Vient en bonne terre bien cultivée & en belle expoſition, de plant & de ſemence.

On prend une demi once du suc de *Galega* pour toutes les maladies où il y a de la peste ou du venin : on en fait prendre aux enfans dans leurs Convulsions.

Galeopsis, * *Plante médecinale.*

Vient en toute terre sans soin & sans culture, de semence & de plant.

La Plante est resolutive & adoucissante.

Gallium, *Caille-lait* : *Plante médecinale.*

Il n'y a rien de si commun que cette Plante.

Elle est vulneraire & detersive : le sirop fait avec le suc de ses fleurs est propre à provoquer les Mois. *Tabernæmontanus* dit, que la decoction de cette Plante est bonne pour la Galle seche des enfans, pourvû qu'on les en bassine souvent.

Voyez l'Hiſtoire des environs de Paris, page 197.

Geniſta, *Geneſt* : *Arbriſſeau*.

Le commun vient de ſemence en terre ſeche & ſabloneuſe.

Celui d'Eſpagne vient auſſi en terre ſeche ; il doit ſe replanter dés la premiere année qu'il aura été ſemé : on le ſeme en Fevrier. On aura ſoin de le tailler tous les ans.

Le Geneſt épineux vient dans les lieux incultes & ſabloneux.

L'infuſion des tendrons de Geneſt eſt bonne pour faire paſſer les urines & les ſeroſitez des Hydropiques.

La Conſerve & l'extrait des fleurs ſont propres pour les maladies de l'eſtomach.

Gentiana, *Gentiene : Plante médecinale.*

Veut être plantée en terre bien cultivée, grasse & en belle exposition; elle vient de semence & de plant enraciné : on aura soin de l'arroser souvent.

La Gentiene bûë en vin est bonne pour la morsure des bêtes venimeuses; elle est bonne aussi pour l'inflammation des yeux, pour les douleurs de côté; elle entre dans les compositions du Theriaque.

Geranium, *Bec-de-Gruë : Plante médecinale.*

Les Especes qui se trouvent dans les campagnes & lieux incultes ne demandent culture, venant en toute terre de semence & de plant.

Les Especes qui viennent des

Païs étrangers demandent culture : on les plantera en bonne terre & en belle expoſition ; on les preſervera des gelées : on les multiplie toutes de plant enraciné, & de ſemence. L'Eſpece la plus belle eſt celle qu'on nomme *Geranium triſte noctu olens.*

Les *Geranium* ſont aſtringents, & ſont bons pour toutes ſortes d'inflammations.

Geum,* *Plante aſſez jolie.*

Veut être planté en lieu gras & humide , ſe multiplie de ſemence & de plant enraciné.

Je ne connois point les vertus de cette Plante.

Gladiolus, *Gladiole : Plante aquatique.*

Vient & ſe plaît dans les lieux marécageux & aquatiques.

Les Gladioles n'ont point de vertu.

Glaucium, *Pavot cornu: Plante médecinale.*

Vient en terre grasse & en belle exposition, se multiplie de semence.

Je crois la Plante annuelle.

On fait boire à ceux qui ont le calcul, un verre de vin blanc dans lequel on a fait infuser une demi poigné des feüilles écrasées de cette Plante.

Globularia, *Globulaire: Espece de Bellis.*

Voyez *Bellis*, Paquerette, ci-devant, page 76.

Glycyrrhisa, *Reglisse: Plante médecinale.*

Veut un terroir gras & à l'ombre, elle se multiplie de jettons; la Plante trace beaucoup.

Un chacun sçait que la racine

de Reglisse entre dans toutes les ptisannes rafraîchissantes : on en fait un Jus qui est bon pour la Toux.

Gnaphalium *.

Voyez *Elichrisum*, le Bouton d'or, ci-devant page 144.

Gramen, *Chiendant : Plante médecinale.*

Vient par tout sans soin & sans culture plus que l'on ne veut.

Le Chiendant est bon dans les ptisannes rafraîchissantes.

Granadilla, *Fleur de la Passion : Plante fort belle.*

Veut être plantée en lieu chaud & dans une terre bien cultivée : on aura soin de lui mettre un bâton pour la soutenir, ou bien la mettre le long d'un mur : on la multiplie de jettons,

jettons : elle craint l'Hyver.

On n'en connoît point les vertus.

Gratiola, * *Herbe médecinale.*

Aime les lieux frais & aquatiques, se multiplie de plant enraciné.

La *Gratiola* est bonne pour la Pituite & pour la Fiévre.

Grossularia, *Groseiller* : *Arbrisseau.*

Veut une terre bien grasse & bien fumée : on le multiplie de Marcottes : on le replante en Hyver en belle exposition.

Les Groseilles sont rafraîchissantes, sont propres pour éteindre l'ardeur des Fiévres, pour la bile, & pour appaiser la soif.

Guaïva, *Goyave* : *Fruit.*

La Goyave n'étant pas un Fruit de ce Païs, demande beaucoup

de ſoin & de chaleur : elle vient de ſemence & de jettons ; craint l'Hyver.

Ce Fruit ſe mange dans le Païs comme les Poires, Pommes, & autres Fruits.

H.

Hæmanthus, * *Eſpece de Tulipe.*

CEtte Plante étant fort belle & tres-rare, demande bien de la culture ; elle veut une terre graſſe & bien expoſée : on aura ſoin de la mettre à l'abri des gelées : on la perpétuë de ſes Cayeux en Juin qu'on replantera auſſi-tôt ; la Plante fleurit en Septembre avant de pouſſer ſes feüilles.

On n'en connoît point les vertus.

Harmala, * *Plante médecinale.*

Demande un terroir gras bien cultivé & bien exposé; elle se multiplie de semence & de plant enraciné.

La Plante est propre pour pousser les urines, à ce que dit Galenus.

Hædera, *Lierre : Plante medecinale.*

Vient en lieux humides & ombrageux, sans culture.

La décoction de ses feüilles en vin est bonne pour toutes sortes d'ulceres, appaise la douleur de dents, provoque les mois : on fait user du Lierre dans la Colique nefretique, pour arrêter les inflammations, & pour provoquer les Urines.

Hedipnois *.

Voyez *Hieracium*, ci-aprés page 178.

Hediſarum, * *Plante médecinale.*

Veut un lieu gras bien cultivé & bien expoſé, ſe multiplie de ſemence & de plant enraciné.

L'*Hediſarum* eſt propre pour l'eſtomach & pour les obſtructions des viſceres.

Helenium, *Aunée: Plante médecinale.*

Veut un terroir gras & à l'ombre, ſe multiplie de ſemence & de plant.

Les ſemences d'*Helenium* ſont tres-rares.

La racine d'Aunée eſt ſtomacale, diuretique, & provoque les mois: on l'employe dans la ptiſanne, dans les boüillons, & dans les apozemes pour l'Astme, pour la vieille Toux, pour la Colique, pour l'Hydropisie, & pour la Cakexie.

Voyez Monsieur Tournefort, page 396.

Helianthemum, * *Plante médecinale.*

Veut un terroir sec & bien exposé, se multiplie de semence & de plant.

L'*Helianthemum* arrête le sang, la Dysenterie & les Mois, guerit, mis en vin, les maux Veneriens.

Heliotropium, *Herbe aux Verrues: Plante médecinale.*

Vient sans beaucoup de culture en toute terre & en quelque exposition que se soit, de plant enraciné & de semence.

Le suc de cette Plante fait tomber les Poireaux, & amortit les dartres vives ; elle eſt reſolutive & propre à arrêter les Ulceres ambulants. Sa décoction chaſſe la bile & la pituite ; elle eſt propre auſſi pour la morſure des bêtes venimeuſes.

Helleborine, * *Plante médecinale.*

Veut un terroir gras & ombrageux, ſe multiplie de ſemence & de plant.

Je ne connois point les vertus de cette Plante.

Helleborus, *Hellebore* : *Plante médecinale.*

Le noir vient en toute terre, inculte ou non, plus que l'on ne veut ; il ſe multiplie de ſemence & de plant enraciné.

Le blanc demande plus de ſoin : on le plantera en terre graſſe bien cultivée & en belle expoſiction : on le multiplie de plant enraciné.

L'Hellebore noir chasse toutes les humeurs, & la pituite : on donne la purgation d'Hellebore aux fols, melancoliques & hypocondriaques.

Le blanc purge par le vomissement : la poudre de ses racines prise par le nez fait éternuer. Dioscoride assure que l'Hellebore blanc provoque les mois.

Hemerocalis, *Hemerocalle : Fleur.*

Veut un bon terroir à l'abri des mauvais vents, & exposé beaucoup au Soleil : se perpetuë de ses petits en Juin, qu'on replantera aussi-tôt.

L'Hemerocalle n'a aucune vertu en Medecine.

Hemionitis, *Emionite : Plante medecinale.*

Voyez *Lingua Cervina*, Langue de Cerf, ci-aprés, lettre L.

Hepatiqua, *Hepatique : Fleur.*

Se plaît en terre grasse & à l'ombre : il y en a de deux espeçes, de doubles & de simples ; les doubles & les simples se subdivisent encore, il y en a de rouges, de bleuës & de blanches ; elles se cultivent toutes de la même façon : on les multiplie de plant enraciné en Septembre ; elles fleurissent l'Hyver.

La Plante est astringente, & est bonne pour toutes les maladies de l'estomach.

Herba Paris, * *Plante médecinale.*

Veut un terroir gras & à l'ombre, se multiplie de semence & de plant enraciné.

Baptiste Sardus assure qu'elle est bonne pour la Manie; il ordonne une demie cuillerée de la poudre de cette plante prise à jeun pendant vingts jours; voyez Dodonée *pempt.* 3. *lib.* 4. *pag.* 444. Elle est souveraine pour le Panaris; l'eau distillée guerit l'inflammation des yeux.

Herniaria, *Herniole, ou Herbe du Turc : Plante médecinale.*

Veut un lieu gras & à l'ombre, se multiplie de semence & de plant enraciné.

L'eau d'Herniole distillée ou mise en cataplasme est bonne pour les Descentes : on s'en sert dans la retention d'urine.

Hesperis, *Juliene : Fleur.*

Il y a plusieurs especes de Juliènes, toutes tres-belles & tres-curieuses : les doubles sont plus belles que les simples. Il y en a de toutes blanches, de toutes violettes, de toutes rouges & de pannachées de toutes ces couleurs : on les plantera en terre grasse bien préparée & en belle exposition : on les multiplie de boutures en Septembre aprés que la fleur est passée : on les replante en Mars ; les grands froids leurs sont contraires.

On n'en connoît point les vertus.

Hieracium, * *Plante médecinale.*

Toutes les especes d'*Hieracium* veulent un lieu temperé, viennent en toute terre, se multiplient de semence & de plant enraciné.

Tous les *Hieracium* sont froids & astringents : on s'en sert dans les inflammations de poitrine,

& contre la morfure des bêtes venimeufes.

Hippocaftanum, *Maronier d'Inde:*
Arbre.

Veut être planté en bonne terre & en belle expofition : on le feme en Septembre, pour être replanté cinq ans aprés : on le plante ordinairement fur des terraffes & dans les lieux où l'on veut du couvert.

Il n'a aucune vertu en Médecine.

Holofteo affinis *.

Se plaît & fe trouve dans les lieux où les eaux ont croupi pendant l'Hyver.

L'Hiftoire des Plantes des environs de Paris, page 471.

On n'en connoît point les vertus.

Hordeum, *Orge : Grain.*

Doit être ſemé en terre maigre & ſeche, & non en terre graſſe, parce qu'il les amaigrit : on le ſeme ordinairement en Avril.

L'Orge eſt tres dur à digerer, & eſt tres mauvais pour l'eſtomach : on en met quelquefois dans les ptiſannes nourriſſantes.

L'Orge ſert le plus aux Braſſeurs pour faire la biere.

Horminum, *Orvalle : Plante médecinale.*

Vient en toute terre, veut être ſouvent arroſée, ſe multiplie de plant enraciné & de ſemence.

L'Orvalle eſt bonne pour provoquer les mois. Mizaldus dit que la ſemence d'Orvalle eſt bonne pour les yeux : on en fait un breuvage avec du miel & de l'eau qui eſt rafraîchiſſant.

Hyacinthus, *Jacinthe : Fleur.*

Les Jacinthes, tant bluës que blanches, ſe plantent en bonne terre bien preparée & bien expoſée en Octobre : on les leve de terre en May, pour en ôter le peuple & pour les garder, de peur qu'elles ne pourriſſent en terre.

Hyacinthus Indicus, Tuberoſa vadice, *Tubereuſe.*

La Tubereuſe eſt une eſpece de Jacinthe ; elle demande plus de culture : on la plantera ſur couche en Mars, & on la tiendra chaudement pendant tout l'Eſté : on la couvrira de paille, de peur que le Soleil ne brûle l'Oignon ; elle ne fleurit ici que la premiere année : on en apporte tous les ans de Nice que l'on achette & que l'on plante, & on les jette quand elles ont porté, n'étant plus bonnes à rien.

Les Jacinthes ne sont propres que pour l'odeur & la curiosité.

Hydrocotile *.

Cette Plante aime les lieux ombrageux & aquatiques; se multiplie de plant.

On n'en connoît point les vertus.

Hydropiper, *Poivre d'eau.*

Voyez *Persicaria*, Persicaire, ci-aprés, lettre P.

Hyosciamus, *Jusquiame, ou Hanebane: Plante medecinale.*

Vient par tout sans soin plus que l'on ne veut, se multiplie de semence & de plant enraciné.

Les Especes que Monsieur Tournefort a apportées de ses

voyages, veulent une bonne terre bien cultivée & bien de la chaleur : on les multiplie de ſemence ſur couches, craignent l'Hyver.

La Juſquiame eſt tres-aſſoupiſſante, reſolutive & adouciſſante, Helidæus faiſoit grand cas de ſa ſemence, & la mettoit avec la Conſerve de Roſe pour le crachement de ſang. Tragus aſſure que le ſuc de Juſquiame, ou l'huile faite par infuſion avec ſes graines, guerit la douleur d'oreille ſi on la ſeringue dans ces parties : pour les Engelures des mains on les expoſe a la fumée des graines de Juſquiame que l'on fait brûler ſur des charbons: on preſſe les doigts, & l'on fait ſortir la limphe qui s'y étoit extravaſée & épaiſſie.

Voyez Monſieur Tournefort, page 201.

Hypericum, *Millepertuis : Plante médecinale.*

Veut une terre sabloneuse, se seme en Mars.

Le Millepertuis pousse les urines & provoque les Mois : on en fait une huile souveraine pour les blessures. Le Millepertuis entre dans la composition du Theriaque.

Hypoxilon *.

Cette Plante n'est qu'un excrement qui naît sur le bois pourri.

Hyssopi folia *.

Veut un terroir gras, humide & presque aquatique, se multiplie de plant enraciné.

On n'en connoît point les vertus.

Hyssopus,

Hyssopus, *Hyssope : Herbe de bonne odeur & médecinale.*

Veut une terre qui ne soit ni grasse, ni fumée, bien exposée au Soleil : on la seme & plante au Printems, on la coupe en Automne.

L'Hyssope est bonne pour les maladies du poulmon, pour les obstructions des visceres, pour pousser les urines, & pour la Chaudepisse.

I.

Jacea, *Jacée : belle Plante*

TOutes les Jacées sont tres-curieuses : il y en a des especes plus belles les unes que les autres ; celles qui viennent des Païs étrangers demandent plus de soin & de culture : on les plantera en bonne terre & en belle exposition ; elles se multiplient de semence & de boutures sur couche ; elles craignent l'Hyver : celles qui sont communes dans nos campagnes ne demandent pas tant de culture : on les plantera en terre moyenne : on les multiplie de semence.

Les Jacées n'ont point de vertu en Médecine.

Jacobea, *Jacobée.*

Voyez *Jacea*, Jacée, ci-devant, page 185.

Dodonée dit que la Jacobée est vulneraire, detersive & propre pour les maux de gorge.

Jalapa, *Jalap, ou Belle-de-nuit : Fleur.*

On seme cette Fleur en Mars sur couche : on la replante en bonne terre & en belle exposition ; elle fleurit en Automne.

Il y en a de plusieurs couleurs; les pannachées sont les plus curieuses.

La Plante est annuelle.

Je n'en connois point les vertus.

Jasminum, *Jasmin : Arbrisseau.*

De tous les Arbrisseaux les Jasmins sont les plus estimez, à cause de l'odeur de leur Fleur; il y en a plusieurs especes, toutes tres-belles & tres-curieuses, & craignant toutes l'Hyver; le Jasmin commun n'est pas si difficile que les autres; il se multiplie de boutures en bonne terre & à l'ombre en Mars. Le Jasmin d'Espagne ne s'éleve point ici, les Provençaux les apportent tous les ans avec les Orangers : on les plantera sur couche la premiere année, pour leur aider à prendre racines : on prendra garde qu'ils n'ayent été trempez dans la Mer : on les taillera tous les ans, en coupant les branches qu'ils poussent tout contre la Greffe ; le Jasmin Jonquille & celui des Assores qui sont les plus rares se cultivent de même : on les multiplie de Marcotte en Avril : on les plante en bonne terre & en belle exposition : on les pourra mettre sur couche pour les faire mieux fleurir.

On se sert des Fleurs de Jasmin pour faire des Essences.

Ilex, *Chesne verd* : *Arbre.*

Pour sa culture, voyez *Abies* Sapin, page 1.

On ne se sert point de cet Arbre en Médecine.

Imperatoria, *Imperatoire* : *Plante médecinale.*

Veut un terroir gras & à

l'ombre, ſe multiplie de ſemence & de plant enraciné.

La racine de cette Plante eſt ſudorifique : il faut la faire infuſer dans du vin, & ſur trois onces de cette infuſion, il faut mêler une once de vinaigre ſquilitique, faire boire ce mêlange, & couvrir le malade.

Hiſtoire des Plantes des environs de Paris, page 342.

La Plante dont je parle eſt l'Angelique ſauvage de tous les Auteurs.

Impia *.

Voyez *Filago*, ci-devant, p. 155.

Iris, *Flambe* : *Fleur.*

Toutes les Eſpeces d'*Iris* veulent une bonne terre & une belle expoſition, exceptez la commune qui vient de ſon bon grez ſur les murs & les chaumieres ; ils ſe multiplient d'eux-mêmes plus que l'on ne veut.

De toutes les eſpeces d'*Iris* on ne ſe ſert en Médecine que du commun ; il eſt bon pour la Toux, & pour la difficulté de reſpirer : on le fait prendre dans du vin pour provoquer les Mois : on s'en ſert auſſi dans les maladies du foye & contre les morſures des bêtes venimeuſes.

Iſatis, *Gaude, ou Paſtel : Plante médecinale.*

Veut une terre forte, ſe multiplie de ſemence & de plant enraciné

Les feüilles de Paſtel miſes en cataplaſme font reſoudre les Tumeurs, & conſolident les Playes, étanchent le Flux-de-ſang, gueriſſent le Feu-ſauvage & les Ulceres qui courent par tout le corps.

Juncus, *Jonc.*

Vient dans les lieux aquatiques & humides.

Le Jonc n'a aucune vertu en Médecine.

Juniperus, *Genevrier : Arbre.*

Ne demande culture, étant fort commun dans les Bois.

Le Geniévre est bon pour l'estomach, pour dissiper les vents, pour les tranchées, pour le poulmon, pour provoquer les Ordinaires, & pour faire passer les urines.

K.

Kali, Soude.

LA Soude vient de semence en bonne terre & en belle exposition.

La Plante est annuelle.

On ne s'en sert point en Médecine.

Ketmia *.

Toutes les especes de *Ketmia* damandent un terroir chaud & & bien exposé : on les multiplie de semence en Mars sur couche.

Presque tous les *Ketmia* sont annuels, & n'ont aucune vertu.

L.

Lachrima Jobi, *Larme de Job : Plante fort jolie.*

SE seme sur couche en Mars pour être replantée en bonne terre & en belle exposition sur la fin d'Avril.

La Plante est annuelle.

On ne s'en sert point en Médecine : on se sert seulement de ses semences pour faire des Chapelets.

Lactuca,

Lactuca, *Laituë : Plante medecinale.*

On seme les Laituës en differents tems, pour en avoir dans toutes les saisons ; les premieres se sement à la fin de Janvier sous cloches & sur couches : on les replantera quand elles seront assez fortes pour les faire pommer sur couches & sous cloches : on en semera en Avril, May, & en Juin, pour en avoir de plus tardives : on les peut semer en plaine terre, elles n'en vaudront que mieux. Les Laituës Romaines, qu'on nomme Chicons, seront liées pour blanchir & pour pommer : on les semera & plantera en terre bien amendée, bien labourée, & en belle exposition ; les pluies & les froids sont contraires aux Laituës : on en plantera de quinze jours en quinze jours, parce qu'elles ſont de peu de durée, & qu'elles montent en graine tres-promptement : on prendra garde que les limaçons ne les mangent.

Il y de deux ſortes de Laituës ; l'une que l'on appelle Sauvage, & celle que l'on cultive dans les Jardins.

La Sauvage s'employe en Médecine pour appaiſer la trop grande agitation des humeurs, pour rendre le ventre libre, & pour augmenter le lait aux nourrices.

L'uſage trop frequent de Laituë, débilite la chaleur naturelle, cauſe la ſterilité & affoiblit l'eſtomach ; elle provoque auſſi le ſommeil ; la ſemence de Laituës a autant de vertus que la Plante même.

Voyez le Traité des Aliments de Lemery, page 124.

Lamium, *Lamier : Herbe*

Veut un terroir sec & pierreux, se multiplie de semence & de plant enraciné.

Le Lamier est bon pour résoudre les Tumeurs, pour la Cangrene, & pour les Chairs pourrissantes; les Fleurs du Lamier sont bonnes pour arrester les Fleurs blanches des femmes.

Lamsana, * *Plante médecinale.*

Vient en tous terroirs cultivez ou non, de semence & de racines.

Dioscoride assûre que cette Plante est bonne pour l'estomach.

Lapathum, *Patience : Herbe médecinale.*

Se plaît & se trouve dans les lieux frais, gras & presque aquatiques : on la multiplie de semence & de plant enraciné.

La Patience est bonne dans les boüillons & les ptisannes aperitives ; elle est bonne pour l'Ebullition de sang, pour l'Eresipele, pour la petite Verole, pour la Galle, & pour les Ulceres des jambes.

Larix, *Melese* : *Arbre*.

Cet Arbre est tres-rare & trescurieux : il y en a un au Jardin Royal ; je le crois seul en France : on ne sçait comment multiplier cette Arbre, ne portant point de semence. Vitruve assure que le bois de Melese est incombustible. Mathiole assure le contraire ; je le crois plûtôt que l'autre.

Il coule une Resine de cet Arbre que quelques uns ont mêlé dans la Terebenthine.

Laserpitium, * *Plante médecinale.*

Demande un terroir gras bien cultivé & une belle exposition, on le multiplie de semence & de plant enraciné.

La racine & les feüilles de *Laserpitium* échauffent beaucoup; elles sont bonnes aussi pour resoudre & pour amollir.

Lathyrus, *Gesse : Fleur.*

Presque toutes les especes de *Lathyrus* sont annuelles : on les semera sur couche chaude en Mars, & on les replantera en bonne terre & en belle exposition. La Plante est tres-belle dans un Parterre.

On ne s'en sert point en Médecine.

Lavandula, *Lavande : Plante de bonne odeur & médecinale.*

Veut un terroir ſec & bien expoſé au Soleil, ſe multiplie de ſemence ; les Eſpeces qui viennent des Païs étrangers craignent l'Hyver ; on les ſeme ſur couche & ſous cloches ; on les tient le plus chaudement que l'on peut.

La Lavande eſt tres-bonne pour les maux de tête, & pour diſſiper les humeurs.

Laureola, *Laureole : Arbriſſeau.*

Vient en terre graſſe & à l'ombre, ſe multiplie de ſemence & de jettons.

Le Laureole provoque le vomiſſement & les Mois des femmes : on s'en ſert pour chaſſer la Pituite, pour faire éternuer, & pour purger : on en uſera moderemenr ; trois ou quatre feüilles de sa Plante suffisent.

Lauro Cerasus, *Laurier Cerise : Arbrisseau.*

Veut être planté en terre grasse & bien cultivée : on le met ordinairement en Palissade : on le multiplie de Marcottes.

Je n'en connois point les vertus.

Laurus, *Laurier : Arbre.*

Les Lauriers se plaisent assez à l'ombre & dans un lieu humide : on le multiplie de semence & de Marcottes. Quand les Hyvers sont rudes il faut avoir soin de les couvrir.

Les feüilles sont bonnes pour les Rhumatismes, pour les Fluxions, pour les morsures des bêtes venimeuses, poussent les urines, & provoquent les Mois des femmes : on s'en ſert dans toutes les Sauſſes & dans tous les Ragoûts.

Laurus Regia, *Laurier Royal : Arbre.*

Pour ſa culture, voyez *Aurantium*, ci-devant page 69.

On n'en connoît point les vertus.

Lens, *Lentille : Aliment.*

Se ſeme en Mars en terre bien preparée & en belle expoſition.

Les Lentilles ſont des Legumes fort uſitez dans le Carême; elles reſſerrent & appaiſent le trop grand mouvement des humeurs. La decoction de Lentilles lâche le ventre.

Monſieur Lemery dans ſon Traité des Aliments, page 100.

Lentibularia, * *Plante aquatique.*

Se trouve & se plaît dans les eaux.

La Plante n'a aucune vertu.

Lenticula, * *Plante aquatique.*

Naît dans les Marais & eaux croupies.

Elle est bonne pour les inflammations & pour l'Eresipele.

Lentiscus, *Lentisque : Arbre rare & curieux.*

Veut être planté en bonne terre & en belle exposition : on le multiplie de semence en Mars sur couches & sous cloches, & de Marcottes en Avril : on aura soin de le preserver des rigueurs de l'Hyver.

Dodonée dit que le Mastic sort du Lentisque, & qu'on le doit ramasser vers les Vendanges.

Les feüilles du Lentisque sont astringentes.

La decoction de ses feüilles est bonne pour consolider les Playes & pour provoquer l'urine.

Leonurus, *Queuë de Lion : Arbrisseau tres-rare.*

La Queuë de Lion est une des plus belles Plantes que nous ayons des Païs étrangers ; elle demande aussi beaucoup de soin, & de culture : on la plantera en terre bien preparée & en belle exposition : on la serrera pendant l'Hyver : on la multiplie de boutures en May.

Elle n'a aucune vertu.

Lepidium, *Passe-rage : Plante médecinale.*

Vient en toute terre, cultivée ou non cultivée, en toute exposition ; on la multiplie de semence & plant enraciné.

Cette Plante est anti-scorbutique, stomacale, & propre pour l'affection hypocondriaque: on en tire pour cela une teinture avec l'Esprit de vin, ou l'on en fait boire la ptisane: on pile aussi la racine de Passe-rage avec du beurre, & on l'applique sur les endroits où la goute se fait sentir.

Voyez Monsieur Tournefort dans son Histoire des Plantes, page 344.

Leucanthemum, *Marguerite: Fleur.*

Voyez *Bellis*, Paquerette, ci-devant, page 76.

Leucoium, *Gerofliet: Fleur.*

Les Geroflées demandent une terre bien labourée, legere & bien exposée: on les seme en

Mars ſur couche, & on les replante en Juillet ; il faut les preſerver de l'Hyver ; les doubles ne portent point de graines : on ſeme les ſimples pour en avoir de doubles ; quelques-uns diſent qu'on doit les ſemer en pleine Lune, & qu'elles réuſſiſſent mieux.

De toutes les eſpeces de Geroflées on ne ſe ſert ordinairement en Médecine que de la jaune, qui croît ordinairement ſur les murs, on ſe ſert de ſes Fleurs pour faire paſſer les urines, & deſopiler les viſceres ; ſon infuſion provoque les mois, guerit les pâles couleurs, & eſt bonne pour la Paraliſie.

Lichen, *Eſpece de Mouſſe : Plante médecinale.*

Les eſpeces differentes de cette Plante ſe trouvent ſur les Arores & dans les lieux humides.

Dioscoride assûre que le Lichen est bon pour arrêter le Flux de sang, & pour toutes sortes d'inflammations.

Ligusticum, *Livesche : Plante medecinale.*

Veut un terroir gras & humide, se multiplie de semence & de plant enraciné.

La racine de cette Plante desséchée & buë dans du vin blanc pousse par les sueurs, provoque les Mois & les Urines : on s'en sert aussi pour la morsure des bêtes venimeuses.

Ligustrum, *Troesne : Arbrisseau.*

Ne demande culture, étant tres-commun dans les Bois & dans les lieux incultes.

Le Troesne est bon pour le crachement de sang, pour les

maux de gorge, pour les Brûlures, pour dessecher les Ulceres, & guerir les Inflammations des yeux : on s'en sert aussi pour les Hemorragies.

Lilac, *Lilas : Arbre.*

Vient en toute terre sans beaucoup de culture, veut cependant une belle exposition : on le multiplie de Jettons en Octobre.

On n'en connoît point les vertus.

Lilio Asphodelus, *Lis Asphodele : Fleur.*

Veut un terroir gras bien cultivé, & une belle exposition : on le multiplie de plant enraciné en Septembre.

Je n'en connois point les vertus.

Liliastrum, *Lis Saint-Bruno : Fleur.*

Le Lis Saint-Bruno n'est pas commun à Paris, aussi demande-t-il culture : on le plantera en bonne terre & en belle exposition : on le multiplie de plant que l'on relevera tous les ans.

Il craint l'Hyver, & n'a aucune vertu.

Lilio Narcissus : *Lis Narcisse : Fleur tres-rare.*

Les Lis Narcisses ne sont pas communs en France : on les cultive de même que le Lis Saint-Bruno ci-dessus.

On ne connoît point leurs vertus.

Lilium, *Lis : Fleur.*

Les Lis se plaisent en bonne

terre & en belle exposition : on les multiplie de leurs Cayeux en Septembre, qu'on replantera aussi-tôt : on ne leve les Lis de terre que pour les multiplier.

Dioscoride assûre que les feüilles de Lis mises en cataplasme guerissent les morsures des bêtes venimeuses ; les Oignons pris interieurement provoquent les Mois, mis en cataplasme fortifient les nerfs ; mis avec du vinaigre, des feüilles de Jusquiame & de la farine de Froment en cataplasme guerissent les Inflammations des Testicules : On se sert des Lis pour faire suppurer les Playes.

Lilium Convallium, *Muguet : Plante médecinale.*

Le commun ne demande pas beaucoup de culture, se trouvant par-tout dans les Bois ; celui qui a la Fleur double demande culture: on le plantera en bonne terre & en belle exposition : on le multiplie de plant enraciné.

Les racines & les fleurs du Muguet font éternuer.

L'eau des fleurs de Muguet distillée, est bonne pour l'Apoplexie : on s'en sert aussi pour le mal des yeux, pour les maux de cœur, pour la Paralisie, & pour la Goutte.

Limon, *Limonier* : *Arbre tres-beau.*

Se replante au Printems, vient de semence dans une terre noire & bien grasse ; on les relevera le moins que l'on pourra : on l'arrosera souvent ; le lieu où il sera doit être bien exposé au Soleil & à l'abri des mauvais vents ; on aura soin de les serrer l'Hyver ; pour le reste, voyez *Auran-*

tium, Oranger, ci-devant page 69.

Limonium, * *Plante assez rare.*

Veut être plantée en terre grasse bien cultivée & bien exposée, se multiplie de boutures, de semence, & de plant enraciné.

On n'en connoît point les vertus.

Linagrostis, * *Plante aquatique.*

Se plaît & se trouve dans les lieux aquatiques & marécageux.

On n'en connoît point les vertus.

Linaria, * *Linaire : Plante médecinale.*

La Linaire vient par tout sans soin & sans culture, de semence & de Plant enraciné.

L'Onguent de Linaire est bon

pour les Hemorroïdes. Le suc & l'eau distillée de cette Plante sont propres pour l'inflammation des yeux, pour la Jaunisse, pour le Cancer, pour les Fistules, & pour l'Eresipele.

Voyez l'Histoire des Plantes des environs de Paris, page 23.

Linum, *Lin : Plante médecinale.*

Se seme en Mars en terre grasse & humide.

On se sert de la semence de Lin pour amollir les duretez, pour la Colique & pour la Pleuresie; un chacun sçait qu'on se sert du Lin pour faire de la Toile.

Lingua Cervina, *Scolopendre, ou Langue-de-Cerf : Plante médecinale.*

Vient dans les lieux humides & pierreux, se multiplie de plant enraciné : on la trouve ordinairement dans les puits.

La Scolopendre est un des quatre Capillaire : sa decoction sert pour les duretez de ratte : on s'en sert aussi pour les Fiévres quartes.

Lithospermum, *Gremil*, *ou Herbe aux Perles : Plante médecinale.*

Veut une terre grasse bien cultivée & une belle exposition, se multiplie de semence & de plant enraciné.

On s'en sert pour pousser les urines & le calcul.

Lonchitis, *Lonchite* : *Plante médecinale.*

Voyez *Filix*, Fougere, ci-devant page 156.

Lotus, *Lotier* : *Plant assez jolie.*

Vient en terre bien grasse &

bien cultivée, se multiplie de semence en Mars sur couche & sous cloches; les Especes étrangeres demandent bien de la chaleur, & craignent l'Hyver.

On n'en connoît point les vertus.

Lunaria, *Lunaire: Plante médecinale.*

Veut une terre bien cultivée & une belle exposition; se multiplie de semence & de plant enraciné.

Toute la Plante broyée & prise interieurement est bonne pour les Dysenteries.

Lupinus, *Lupin: Fleur.*

Les Lupins se sement en May en terre legere & en belle exposition.

La Plante est annuelle.

On s'en sert pour engraisser les bestiaux.

Lupulus, *Houblon : Plante médecinale.*

Vient par tout ſans ſoin & ſans culture de plant enraciné.

On ſe ſert des tendrons & des têtes de Houblon pour purifier le ſang, dans le Scorbut, dans les Dartres, & dans toutes les maladies de la peau ; le Houblon provoque les Ordinaires & l'urine ; un chacun ſçait que la Fleur ſert pour faire de la bierre.

Luteola, *Herbe à jaunir : Plante médecinale.*

Vient dans les lieux incultes & pierreux, de ſemence.

On croit que l'Herbe à jaunir a la même vertu que l'*Iſatis* : on s'en ſert pour teindre en jaune.

Lychnis, * *Plante fort commune.*

Toutes les Eſpeces de cette

Plante ne demandent pas grande culture : on les multiplie de ſemence & de plant enraciné.

Les Croix de Jeruſalem & les Jacées, que les Fleuriſtes connoiſſent ſous ce nom, ſont des *Lichnis*: on les plantera en bonne terre & en belle expoſition : on les multiplie de plant enraciné.

Ses vertus ne ſont point connuës.

Lycoperdon, *Veſſe-de-Loup*.

Vient ſans ſoin ſur les Bruyeres & lieux incultes en Septembre & Octobre.

On ſe ſert de la poudre qui ſort des Veſſes-de-Loup pour arrêter le ſang dans toutes ſortes d'Hemorragies.

Lycoperſicon *.

Se ſeme ſur couche en Mars, & ſe replante en Avril en bonne

terre & en belle exposition ; les Pommes d'Amour sont sous ce genre.

La plante est vulneraire.

On n'en connoît point les vertus.

Lycopus *.

Voyez *Marrubium*, Marube, ci-aprés, lettre M.

Lysimachia, *Lysimachie : Plante médecinale.*

Vient de plant enraciné & de semence en toute terre, sans soin & sans culture.

On s'en sert pour arrêter le Flux des femmes, pour les Dysenteries, & pour toutes sortes d'Hemorragies.

M.

Majorana, *Marjolaine : Plante médecinale de bonne odeur.*

LA Marjolaine se plaît en terroir sec & bien exposé : on la multiplie de semence, de plant enraciné, & de boutures en Avril ; on la replante en Juin : l'Hyver lui est contraire.

La Marjolaine est cephalique, fortifie les nerfs, est propre pour l'Epilepsie, l'Apoplexie, & les autres maladies du cerveau ; elle chasse les vents, & est resolutive & vulneraire.

Malva, *Mauve : Herbe médecinale.*

Se seme avant l'Hyver en terre grasse & humide, se replante en Avril.

La Mauve a les mêmes vertus

que l'*Althea*, Guimauve, ci-devant page 40.

Malus, *Pommier : Arbre fruitier.*

Veut être planté en terre noire, grasse & humide, en belle exposition ; se greffe pour porter fruit sur Coignassier ou sur Franc.

Les Pommes sont pectorales ; elles appaisent la Soif & la Toux ; elles lâchent le ventre : les cuites sont à preferer aux cruës, parce qu'elles sont plus aisées à digerer.

Mandragora, *Mandragore : Plante médecinale.*

La Mandragore tant mâle que femelle, se plaît dans un lieu chaud & dans un terroir gras : on l'arrosera souvent : on la multiplie de plant enraciné & de semence.

Un chacun sçait que la Mandragore eſt ſomnifere : on l'employe pour cela de cette façon : on prend du jus de Pavot, de Mandragore, de Cigue, & de la ſemence de Juſquiame, que l'on incorporera dans de la lie de vin ; on en formera des petites pelottes que l'on fera ſecher au Soleil : on pourra mettre dans chaque pelotte un grain de Muſc, pour ôter la mauvaiſe odeur de la Mandragore : on mettra une de ces pelottes en ſe couchant ſous ſon chevet, ou on la tiendra dans ſa main.

Marrubium, *Marrube, Plante médecinale.*

Vient dans les lieux incultes & pierreux, ſe multiplie de plant enraciné & ſemence.

On employe le Marrube dans les obſtructions du foye & de la ratte : on s'en ſert auſſi pour provoquer les Mois; il eſt fort propre pour les Aſthmatiques, & pour ceux qui ont la Jauniſſe.

Marum, * *Plante de bonne odeur & médecinale.*

Cette Plante demande beaucoup de chaleur & de culture; on la plantera en bonne terre & en belle expoſition: on la multiplie de boutures, de marcottes, & de ſemence en Avril; la ſemence degenere ordinairement, ce que j'ai vû par experience. Les chats ſont contraires à cette Plante, vû qu'ils la mangent & la détruiſent entierement: on la met ordinairement dans une cage grillée, où ils ne puiſſent approcher.

Les froids lui ſont contraires.

Pour ſes vertus, voyez *Majorana*, Marjolaine, ci-devant page 217.

Matricaria, *Matricaire : Plante médecinale.*

Vient en toute terre ſans beaucoup de culture : on la multiplie de ſemence & de plant enraciné en Mars.

La Matricaire appaiſe la douleur des dents, chaſſe la Pituite, provoque les Mois : on s'en ſert auſſi pour les ſuffocations de Matrice.

Mays, *Bled de Turquie.*

Se ſeme en Mars en terre bien preparée & bien expoſée.

La Plante eſt annuelle.

On ne s'en ſert point en Médecine.

Medica, *Luzerne : Plante médecinale.*

Vient par tout dans les campagnes, ſans ſoin & ſans culture.

La Plante eſt annuelle.

Dodonée dit que la Luzerne eſt rafraîchiſſante.

Melampirum, *Bled de Vache.*

Pena & Lobel, croyent que le Bled mal conditionné produit cette Plante.

La Plante eſt fort commune dans les campagnes.

On n'en connoît point les vertus.

Melianthus, *Melianthe : Plante tres-rare.*

Demande une bonne terre bien preparée & une belle expoſition: on la perpetuë de plant enraciné; elle craint l'Hyver : on ne la voit guere fleurir en ces Païs.

On n'en connoît point les proprietez.

Melilotus, *Melilot : Plante médecinale.*

Vient en toute terre, cultivée ou non; veut être souvent arrosé; se multiplie de semence en Mars.

La Plante est annuelle.

Cette Plante est aperitive, resolutive, & adoucissante : la prisanne faite avec ses sommitez & celles de Camomille est excellente dans les inflammations du bas ventre, dans la Colique, dans la Retention d'urine & dans le Rhumatisme.

Voyez l'Histoire des Plantes des environs de Paris, page 118.

Melissa, *Melisse : Plante de bonne odeur & médecinale.*

La Melisse se plaît plûtôt dans les Bois que dans les Jardins, parce qu'elle y degenere ; elle se seme en terre grasse & bien amendée, où l'ardeur du Soleil ne donne pas beaucoup ; elle se multiplie aussi de plant enraciné.

Dioscoride assûre que la Melice bûë en vin est bonne pour les morsures des bêtes venimeuses ; qu'elle provoque les Mois ; qu'elle appaise la douleur des dents, & qu'elle resiste au poison : on en distille une eau qui est excellente pour l'Apoplexie, & qui réjoüit le cœur.

Melo, *Melon : Fruit Potager.*

Les Melons doivent être élevez sur couches, sous cloches, & en belle exposition sur la fin de Janvier, de cette façon.

On fera des couches de la hauteur de trois pieds sur quatre pieds de large, de sorte qu'il y puisse tenir quatre rangées de cloches : quand la couche sera échauffée on la couvrira de terreau, puis on fera six trous sous chaque cloche ; dans chaque trou on mettra trois graines de Melon, puis on les recouvrira & on les entretiendra chaudement par le moyen des rechauffements, jusqu'à ce qu'ils soyent assez forts pour être replantez, ce qui se fait ordinairement à la my Mars : comme les nuits sont froides dans ce tems, & qu'il gele ordinairement, on les couvrira avec des paillassons ou fumier sec d'abord que le Soleil ne paroîtra plus, & on ne les découvrira que quand il paroîtra ; en les replantant on n'en mettra qu'un pied sous une cloche : on aura soin de faire des fourchettes pour élever les cloches, pour qu'ils puissent s'étendre, & qu'ils ayent de l'air : on ne leur laissera au plus que trois bras qui porteront fruit.

Les premiers Melons commencent à noüer dans le premier quartier ou à la pleine Lune de May : on connoît que les Melons noüent, quand au sortir de la fleur ils s'éclairciſſent un peu prés de la queuë : on les arroſera raiſonnablement deux ou trois fois la ſemaine : on leur ôtera les cloches ſur la fin de Juin ; un pied de Melon ne doit pas porter plus de trois fruits.

Le Melon rafraîchit & humecte, il excite l'urine, il appaiſe la ſoif & donne de l'appetit : on n'en mangera cependant qu'avec moderation, car il eſt venteux & fiévreux ; il cauſe ſouvent des Dyſenteries.

Melocactus, *Tête à l'Anglois.*

Cette Plante demande beaucoup de ſoin & de chaleur : on

en avoit apporté des Indes Orientales en 1699. qui sont peries faute de soin. Je ne crois point que cette Plante soit en France.

On n'en connoît point les proprietez.

Melongena, *Melongene, ou Mayene : Fruit étranger.*

Toutes les especes de Melongene veulent être semées sur couches en Mars, pour être replantées en bonne terre & en belle exposition sur la fin d'Avril.

La Plante est annuelle.

On en mange le fruit dans plusieurs Païs où ils naissent, à ce que rapportent Bellonius & Hermolaus Barbarus.

Melopepo, * *espece de Callebasse*,

Voyez *Cucurbita*, ci-devant, page 130.

Mentha, *Menthe Baume* : *Plante medecinale & de bonne odeur.*

Voyez *Cataria*, Herbe aux chats, ci-devant, page 102.

On tire une huile de la Menthe qui est excellente pour toutes sortes de blessures.

Menianthes, * *Plante médecinale.*

Pour sa culture, voyez *Medica*, Luzerne, ci-devant, page 221

On s'en sert pour la Goutte, pour le Scorbut, pour l'Hydropisie, & pour la Cakexie.

Mercurialis, *Mercuriale*, *Plante médecinale.*

Vient plûtôt dans les Vignes

que dans les Jardins ; elle vient de ſemence & de plant.

Pour l'Hydropiſie, la Cakexie, les Vapeurs, & les Pâles couleurs : on fait boire l'eau dans laquelle elle a maceré à froid pendant vingt-quatre heures : on ſe ſert de cette Plante pour la ſuppreſſion des Mois.

Voyez l'Hiſtoire des Plantes des environs de Paris, page 213.

Meſpilus, *Neſlier : Arbre fruitier Agreſte.*

Ne demande culture, venant dans les Bois ; pour en avoir des fruits plus gros & meilleurs : on le greffe ſur l'Aube-Epine.

Les Neſles ſont aſtringentes & aperitives, elles arrêtent le cours de ventre, elles fortifient l'eſtomach, & appaiſent le vomiſſement.

Meum, * *Plante médecinale.*

Veut une terre grasse & humide qui ne soit pas exposée a
Soleil, elle se multiplie de semen
ce & de plant.

La racine de *Meum* macere
à froid dans de l'eau & bûë
est souveraine pour provoque
l'urine, pour les obstructions d
reins & de la vessie, & pou
chasser les vents.

Milium, *Millet* : *Grain.*

Se seme en Mars en terre bie
preparée & à l'ombre, quelque
uns disent que la Forêt d'Orlea
est pleine de Millet.

La Plante est annuelle.

On se sert du Millet pou
adoucir & détruire les acrete
de la poitrine. Un chacun sça
qu'on le donne à manger au
petits oiseaux & aux peti

poussins, pour les élever.

Millefollium, *Millefeüille : Plante medecinale.*

Le commun vient plus que l'on ne veut, sans soin & sans culture, en toute terre & en quelque exposition que se soit.

Les belles especes que Monsieur Tournefort a apporté de ses Voyages demandent culture : on les plantera en bonne terre & en belle exposition : l'Hyver leur est contraire : on les multiplie de semence en Avril sur couche & sous cloches.

On ne connoît point les vertus de ses belles especes : on ne se sert que du commun pour arrêter toute sorte de Flux : on le met ordinairement en poudre & on boit cette poudre dans du vin blanc, le matin à jeun, ou bien on en fait une decoction ;

celui qui porte la fleur blanche est excellent pour la Chaude-pisse & pour les Fleurs blanches.

Mimosa, *Sensitive : Plante tres-curieuse.*

On nous envoye la graine de cette Plante des Païs étrangers, il ne fait pas assez de chaleur dans celui-ci pour l'élever, pour qu'elle porte graine ; cette Plante est tres-curieuse, elle se ferme pour peu qu'on y touche.

La Plante demande beaucoup de soin & de chaleur, on n'a jamais pû la faire passer l'Hyver ; elle est tres-belle pendant l'Esté ; d'abord qu'elle sent les approches de l'Hyver elle n'a plus de force, & perit ; elle est tres-commune en Amerique & dans les Isles, où elle est vivace, & vient en Arbrisseau.

Moldavica,* *Plante de bonne odeur.*

Veut un terroir gras & bien expoſé ; ſe multiplie de ſemence en Mars ſur couche.

La Plante eſt annuelle.

Elle n'a aucune vertu.

Molucca *.

Se cultive comme le *Moldavica* ci-deſſus.

La Plante eſt annuelle.

Quelques-uns croyent qu'elle eſt bonne pour le venin.

Momordica, *Pommes de merveilles ; Plante médecinale.*

Se cultive comme le Melongene, ci-devant, page 227.

Elle eſt annuelle.

La Plante eſt vulneraire, elle eſt tres-bonne pour les douleurs & les Ulceres de Mammelles, pour arrêter l'inflammation des Ulceres & pour les Brûlures.

Morſus diaboli, *Mors du diable: Plante médecinale.*

Voyez *Scabioſa*, ci-aprés lettre S.

Morus, *Meurier: Arbre Fruitier.*

Il y a deux eſpeces de Meurier, l'un blanc & l'autre rouge; le blanc ne porte point de bon fruit, & ne ſert qu'à nourrir des vers à Soye; ils veulent tous deux une bonne terre bien fumée & un lieu bien airé & bien exposé: on les multiplie de jettons, de provin & de ſemences en Mars, on les replante en Octobre & en Novembre.

L'écorce & la racine du Meurier eſt deterſive & aperitive: on ſe ſert des Meures pour adoucir les acretez de la poitrine;

elles donnent de l'appetit & excitent le cracher : on les employe dans les gargarismes pour les maux de la gorge. Ceux qui sont sujets à la Colique ne doivent point s'en servir, parce qu'elles sont venteuses.

Voyez le Traité des Aliments de Monsieur Lemery, page 66.

Muscari, * *Fleur.*

Voyez *Hyacinthus*, ci-devant, page 181.

Muscus, *Mousse.*

Voyez *Lichen*, ci-devant, page 204.

Myosotis, *Oreille de Souris : Plante medecinale.*

Vient de plant & de semence, en bonne terre & en belle exposition.

J. Bauhin assûre que la Conserve & l'eau des fleurs de cette Plante guerissent l'Epilepsie, & que ses feüilles appliquées exterieurement soulagent les Paralitiques.

Myrrhis, *Cerfeüil sauvage : Plante médecinale.*

Vient le long des murailles & des lieux incultes, de semence & plant enraciné.

Dioscoride assûre que le Cerfeüil sauvage provoque les Mois, & qu'on s'en sert contre la morsure des bêtes venimeuses.

Myrtus, *Myrte : Arbrisseau de bonne odeur.*

Les Myrtes sont tres beaux & tres propres dans un Jardin ; ils demandent beaucoup de soin : on les plantera en bonne terre & en belle exposition : on les multiplie de semence, de marcottes & de boutures en May ; l'Hyver leur eſt contraire.

Les feüilles de Myrte ſont aſtringentes, & arrêtent toutes ſortes de Flux.

N.

Napus, *Navet: Legume.*

SE ſeme en Aouſt en terre bien labourée, bien fumée, & lieu humide ; la graine vieille de trois ans ne revient plus, & ne produit que des Choux.

Les Navets ſont propres pour la poitrine, pour l'Aſthme, la Phthiſie & la Toux obſtinée. Ils provoquent l'urine.

Narciſſo Lucoium, *Perce-neige : Fleur.*

Vient & ſe plaît dans les Bois: on la trouve pendant l'Hyver en fleur ; elle ſe multiplie de ſes bulbes.

On n'en connoît point les proprietez.

Narcissus, *Narcisse : Fleur.*

Toutes les especes de Narcisse veulent être plantées en terre legere & en belle exposition en Septembre : on les leve de terre pour en ôter le peuple & pour les multiplier en May.

Les Jonquilles sont sous le genre de Narcisse ; on les plantera en Octobre en terre forte & en belle exposition : on ne les leve de terre que tous les trois ans pour en ôter le peuple ; la Jonquille ne dure point à Paris, on en fait venir tous les ans de Normandie, où elles sont en abondance & tres-belles.

Les Narcisses aussi-bien que les Jonquilles ne servent point en Medecine.

Nasturtium, *Cresson : Plante medecinale.*

Il y a deux especes de Cresson, l'un que l'on nomme Cresson Alenois ou de Jardin, & l'autre Cresson d'Eau ; le Cresson Alenois se seme en terre bien preparée en Avril ; le Cresson d'Eau ne s'éleve point dans les Jardins, il naît le long des sources & des eaux.

L'un & l'autre Cresson purifient le sang, levent les obstructions, excitent les Mois & les urines : un chacun sçait qu'on les mange en Salade.

Nerion, *Laurier-Rose : Arbrisseau.*

Le commun veut une bonne terre & une belle exposition : on le multiplie de semence & de marcottes en May ; il craint l'Hyver. Nous en avons depuis cinq ou six ans une nouvelle espece qui a été tres-rare dans le commencement, mais à force d'argent on l'a fait venir commune : cela n'ôte & ne diminuë rien de la beauté de la Plante ; c'est l'espece qui a la fleur double, pannachée & odoriferente : ceux qui auront des Loges vitrées la mettront dessous : on la multiplie de marcottes en May ; elle craint l'Hyver : on la mettra pendant ce tems dans un lieu sec, & on ne l'arrosera que trespeu tant qu'elle y sera.

Les feüilles de Laurier-rose mises en poudre & prises par le nez font éternuer.

Nicotiana, *Tabac : Plante médecinale.*

Se seme en Mars en terre bien preparée & en belle exposition.

La

La Plante eſt annuelle.

Les feüilles de Tabac miſes en cataplaſme ſont excellentes pour reſoudre & pour faire ſuppurer les Tumeurs, & les Ulceres.

Le Tabac mis en poudre pris par le nez, fumé, ou mâché chaſſe la pituite.

Nigella, *Nigelle : Plante médecinale.*

Veut un lieu ſec & pierreux, ſe multiplie de ſemence & de plant enraciné.

On ſe ſert de la ſemence de Nigelle pour provoquer les Ordinaires : on la prend pour cela en infuſion dans du vin.

Nummularia, *Nummulaire: Plante médecinale.*

Vient par tout ſans ſoin & ſans culture plus que l'on ne veut ; elle ſe multiplie de plant enraciné. Monsieur Tournefort a rangé avec raison cette Plante sous le genre de *Lisimachia*, & l'a nommée *Lysimachia humi fusa folio rotundiore flore luteo.*

Cette Plante est astringente & vulneraire, elle est bonne pour le Scorbut, pour les maladies du poulmon, pour la Dysenterie, les Pertes de sang, & les Fleurs blanches.

Nymphæa, *Nenufar ou Lys d'Etang.*

Le Nenufar blanc & jaune croît en abondance presque dans tous les Etangs : on employe les racines de Nenufar dans les ptisannes rafraîchissantes pour l'ardeur d'urine, & pour l'inflammation des reins.

Voyez l'Histoire des Plantes des environs de Paris, page 507.

Nux, *Noyer : Arbre Fruitier.*

Veut être planté en terre bien grasse & en belle exposition : on seme les Noix en Fevrier : on les replante en pepiniere en Octobre deux ans aprés qu'ils sont levez.

Les Noix excitent l'urine & les sueurs: on confit les Noix, & elles sont plus agreables & salutaires ; on en mangera le moins qu'on pourra, parce qu'elles produisent de mauvais effets, comme d'exciter la Toux, des douleurs de tête, & de nuire à l'estomach.

O.

Ocimum, *Basilic : Plante médecinale & de bonne odeur.*

TOutes les especes de Basilic se sement au commencement d'Avril sur couche & sous cloches, & se tiennent chaudement jusqu'à ce qu'ils ayent acquis une certaine grandeur, & que le tems permette de les transplanter.

On les plantera en terre grasse & legere : il faut les arroser tous les deux jours & les mettre en belle exposition.

On dit que ceux qui sont sujets aux maux de tête doivent éviter l'odeur du Basilic : on s'en sert pour lâcher le ventre, & pour provoquer l'urine : on l'applique en cataplasme sur les playes où il y a de l'inflammation.

La semence de Basilic prise par le nez fait éternuer.

Oenanthe *.

Veut un terroir gras & humide, se multiplie de semence & de plant enraciné.

On n'en connoît point les vertus.

Oleaster, *Olivier : Arbre Fruitier.*

Cet Arbre aime fort les lieux chauds, c'est pourquoi il y en a beaucoup en Provence & en Languedoc : il ne vient pas dans les Païs Septentrionaux tels que sont ceux-ci, sans soin & sans culture ; il se plaît dans une terre bien labourée & bien fumée ; il se multiplie de marcottes qui ne se separent de leur pied qu'au bout de cinq ans : on le greffe comme les autres Arbres, pour qu'il porte fruit : on aura ſoin de le mettre l'Hyver à l'abri des gelées.

Les feüilles de l'Olivier ſont aſtringentes & propres pour arrêter les Hemorragies & les Cours de ventre ; les Olives donnent de l'appetit, reſſerrent & fortifient l'eſtomach : un chacun ſçait que l'on tire l'huile des Olives ; elle eſt adouciſſante, émolliente, anodine, reſolutive, déterſive, propre pour la Colique & la Dyſenterie.

Voyez le Traité des Aliments de Monſieur Lemery, page 85.

Omphalodes *.

Veut être plantée en terre graſſe & en belle expoſition : on la multiplie de ſemence & de plant enraciné.

On n'en connoît point les vertus.

Onagra,* *Plante médecinale.*

Vient en terroir pierreux & mal cultivé, de ſemence & de plant.

La Plante eſt aſtringente.

Onobrichis, *Sainfoin* : *Plante médecinale.*

Il n'y a point de pâture plus convenable à nourrir le bétail que le Sainfoin ; auſſi doit-il être ſemé en bonne terre bien fumée & bien preparée : on le ſeme ſur la fin d'Avril ; il faut le ſemer en grande quantité, afin que l'herbe ne l'étouffe point : on aura ſoin de le faucher ſouvent.

Le Sainfoin pris interieurement pouſſe par les ſueurs.

Ophiogloſſum, *Langue-de-Serpent* : *Plante médecinale.*

Veut un terroir gras, humide

& à l'ombre, se multiplie de plant enraciné.

Cette Plante est vulneraire, prise interieurement ou exterieurement. Baptista Sardus assure que l'huile tirée de cette Plante est excellente pour les Playes, & que la poudre de cette Plante est bonne pour les Descentes.

Voyez Dodonée *pempt.* 1. *pag.* 139.

Ophris, *Double-feüille.*

Cette Plante, quoique belle, est assez commune aux environs de Paris, sur tout dans les champs Elisées, proche le Cours la Reine: on la multiplie de plant enraciné.

Voyez l'Histoire des Plantes des environs de Paris, page 29.

On ne connoît point leurs vertus.

Opulus, *Obier : Arbre Agreste.*

Se plaît le long des eaux & en terroir gras, se multiplie de jettons.

Robert Constantin assure que l'eau distillée de ses fleurs fait passer les urines & vuider le Calcul. Prevotius dit qu'un boüillon gras dans lequel on fait boüillir deux gros du fruit de cette Plante avec un peu de sommitez d'Absinte, fait vomir sans beaucoup de peine.

Voyez Monsieur Tournefort, page 215.

Opuntia, *Raquette ou Cardasse : Plante tres-rare.*

Quoique cette Plante vienne d'un païs étranger, elle vient fort vîte, & se multiplie assez aisément; elle veut être plantée en bonne terre & en belle exposition,; elle n'aime point l'Hyver ni les lieux trop enfermez ; elle pourrit facilement d'être trop moüillée, & sur tout dans l'Hyver, où j'ay remarqué que pour peu que l'on la moüille elle pourrit : on aura donc soin de la mettre l'Hyver dans un lieu où on fasse souvent du feu, & qui soit exempt des gelées : quand par malheur il se casseroit quelque raquette, laissez-la sur le pot au pied de la Plante, sans la mettre dans terre, elle n'en vaudra que mieux pour reprendre racine dans le tems : on la multiplie ordinairement en Avril.

On n'en connoît point les vertus.

Orchis, * *Fleur.*

Cette Plante ne se plaît point dans les Jardins, elle vient mieux dans les Prez & dans les Bois;

elle se multiplie de ses cayeux: on la trouve ordinairement en Fleur en Juin.

On n'en connoît point les vertus.

Oreoselinum, *Persil de Montagne: Plante médecinale.*

Se plaît dans les lieux bien airez & où le terroir est gras, se perpetuë de semence & de plant enraciné.

Pour ses vertus voyez *Apium*, Persil, ci-devant, page 54.

Origanum, *Origan: Plante médecinal. de bonne odeur.*

L'Origan commun aime les lieux âpres, pierreux & sablonneux: on le multiplie de semence, de boutures & de plant enraciné. Les especes que Monsieur Tournefort a apportées de ses Voyages demandent soin & culture ; on les plantera en bonne terre & en belle expoſition : on les preſervera de l'Hyver.

Pour la vertu de l'Origan, voyez *Mentha*, Menthe, ci-devant, page 228

Ornithogalum, * *Fleur.*

Veut un terroir gras & bien cultivé, ſe multiplie de ſes cayeux en May, ſe replante en Octobre.

On n'en connoît point les vertus.

Orobanche, * *Fleur.*

Voyez *Orchis*, ci-devant page 250.

Orobus, *Orobe.*

Voyez *Aſtragalus*, ci-devant, page 67.

Oriza, *Ris : Grain.*

Cette Plante ne s'éleve point en France.

Le Ris est adoucissant, arrête le Cours de ventre, augmente la Semence, arrête le crachement de sang, & convient aux Etiques & aux Phtisiques ; il est venteux & pese sur l'estomach.

Osmunda, *Osmunde : Plante médecinale.*

Voyez *Filix*, Fougere, ci-devant page 156.

Ostria, * *Arbre agreste.*

Voyez *Carpinus*, Charme, ci-devant, page 97.

Oxalis, *Ozeille : Herbe potagere.*

Voyez ci-devant *Acetosa*, page 31.

Oxyacantha, *Aubépin: Arbrisseau.*

Il n'y a guere de haye où cet Arbrisseau ne soit en abondance: on le multiplie de jettons.

Tragus assure que l'eau distillée des fleurs de l'Epine blanche, soulage les Pleuretiques & ceux qui ont la Colique.

Oxis, *Alleluya: Plante médecinale.*

Se plaît dans les lieux humides & le long des murailles; elle se multiplie de plant enraciné.

Pour ses vertus, voyez *Acetosa*, Ozeille, ci-devant page 31.

P.

Pæonia, *Peone, ou Pivoine: Fleur.*

TAnt mâle que femelle vient en bonne terre & en belle exposition, de semence & Plant enraciné.

On employe la racine de Peone pour les maladies des reins & de la vessie, & pour provoquer les Mois : on la fait pour cela infuser dans du vin que l'on boit à jeun tous les matins.

On se sert ordinairement de la racine du mâle.

Palma, *Palmier: Arbre.*

Le Palmier n'est pas commun en France, on nous en a apporté des Isles Orientales que nous avons conservez tres-beaux. Il y en a encore deux ou trois especes au Jardin Royal; je ne crois pas qu'il y en ait autre part; toutes les eſpeces de Palmier ſe cultivent les uns comme les autres: on les plante en bonne terre & en belle expoſition: on les multiplie de noyaux ſemez ſur couche en Mars; craignent l'Hyver, & ne veulent preſque point être arroſez pendant les froids.

Les vertus des Palmiers ne ſont point connuës, on pretend ſeulement que leur fruit eſt aſtringent.

Panicum, *Panic.*

Voyez *Gramen*, Chiendant, ci-devant page 168.

Papaver, *Pavot*: *Fleur.*

Toutes les eſpeces de Pavot, tant doubles que ſimples, ſe ſement en Mars en bonne terre & en belle expoſition.

La

La plante eſt vulneraire.

La ſemence de Pavot eſt ſomnifere & rafraîchiſſante.

Le Coquelicoc eſt une eſpece de Pavot qui vient communément dans les Bleds : on le nomme en Latin *Papaver erraticum majus* : on ſe ſert de la fleur de cette Plante pour adoucir & pour faire cracher dans les Fluxions de la poitrine, dans le Rhume, & pour arrêter les Pertes de ſang : on en fait du Sirop, ou on en garde la Fleur ſechée pour s'en ſervir en maniere de ptiſanne avec du Sucre.

Parietaria, *Parietaire : Plante médecinale.*

Vient par tout le long des murs, ſans ſoin & ſans culture.

On ſe ſert de cette Plante dans les decoctions & dans les lavements, le Sirop de Parietaire est bon pour l'Hydropisie.

Parnassia *.

Veut un terroir gras & presque aquatique, se multiplie de plant enraciné.

On n'en connoît point les vertus.

Pastinaca, *Panais*: *Legume*.

Les Panais se sement en Mars, en terre bien amendée & en belle exposition.

Les Panais excitent l'urine & les mois, abbattent les Vapeurs, & nourrissent

Pedicularis, *Pediculaire* : *Plante médecinale*.

Voyez *Eufrasia*, Eufraise, ci-devant, page 159.

Pentaphyloïdes *.

Voyez *Argentina*, Argentine, ci-devant page 57.

Pepo *.

Voyez *Cucurbita*, ci-devant, page 130.

Perfoliata, *Perce-feüille : Plante médecinale.*

Voyez *Bupleurum*, Oreille-de-Liévre, ci-devant, page 87.

Periclymenon *.

Voyez *Caprifolium*, Chevre-feüille, ci-devant, page 94.

Persica, *Pécher : Arbre Fruitier.*

Le Pêcher veut être planté en Octobre en terre bien grasse, bien fumée & bien exposée : on le greffe comme les autres Arbres pour qu'il porte bon fruit, sur Amandier ou Prunier, le Prunier dure plus long-tems.

Les fleurs & les feüilles du Pêcher sont purgatives & aperitives ; elles font mourir les vers. Les Pêches humectent, rafraîchissent & lâchent le ventre : on n'en mangera pas beaucoup, parce qu'elles se corrompent aisément, & qu'elles produisent de mauvais effets, comme d'exciter les vents, & de causer des vers. La Pêche se mange ordinairement avec du sucre & du vin, & elle est par ce moyen plus salutaire, parce que le sucre corrige & rarefie son phlegme visqueux.

Persicaria, *Persicaire : Plante médecinale.*

La commune demande un terroir marécageux, aquatique ou humide ; elle est tres-commune dans les Bois : on la multiplie de plant enraciné.

Monsieur Tournefort nous en a apporté une belle espece d'Orient, que l'on a élevé au Jardin Royal aussi belle que dans le Païs ; c'est celle qu'il a nommée *Persicaria Orientalis Nicotianæ folio.*

La Plante est annuelle, & a grainé en abondance : on la seme sur couche & on la tient chaudement pendant toute l'année.

La Persicaire est excellente pour les Ulceres malins & pour la Dysenterie : on s'en sert aussi pour la Jaunisse & les Pâles couleurs.

Pervinca, *Pervenche : Plante médecinale.*

Vient en toute terre, cultivée ou non cultivée, en toute exposition ; elle se multiplie de plant enraciné.

La Pervenche est bonne pour la Dysenterie, pour les maux

de gorge, pour l'Hydropisie, pour les Hemorroïdes, & pour toutes sortes de Flux.

Pes-Colombinus *.

Voyez *Geranium*, Bec-de-Gruë, ci-devant, page 165

Petasites, *Petasite : Plante médecinale.*

Veut être plantée en terre grasse & à l'ombre, se multiplie de semence & de plant enraciné.

Ses feüilles sont excellentes pour provoquer les urines & les Mois: on les met en cataplasme sur les Ulceres malins.

Peucedanum, *Queuë-de-Pourceau: Plante médecinale.*

Il n'y a guere de Bois où cette Plante ne naisse, sur tout aux environs de Paris; elle se multiplie de plant enraciné.

La Plante est tres bonne pour toutes les maladies du cerveau prise en decoction ; elle lâche le ventre, & dissipe les humeurs crasses.

Phalangium, * *Fleur.*

Veut un terroir gras bien cultivé & une belle exposition : on le multiplie de plant enraciné.

On n'en connoît point les vertus.

Phaseolus, *Phaseole* : *Legume.*

Toutes les especes de cette Plante se sement tous les ans en May, en terre bien preparée, bien fumée & en belle exposition.

La Plante est annuelle.

Les Phaseoles excitent l'urine, & les Mois: un chacun sçait qu'on les mange fricassées dans le Carême ; ils sont meilleurs mangez à l'huile & au vinaigre qu'au beurre, parce que le beurre excite la bile : on n'en mangera pas beaucoup, parce qu'ils ſont venteux & chargent l'eſtomach.

Phellandrium, * *Plante médecinale.*

Veut un lieu gras & preſque aquatique, ſe multiplie de ſemence & de plant enraciné.

Pline aſſûre que la ſemence bûë en vin eſt bonne pour le calcul & pour les maux de la veſſie.

Phillyrea, *Fillaria : Arbriſſeau.*

Veut être planté en bonne terre bien fumée, bien preparée, & à l'ombre ; ſe multiplie de ſemence en Octobre, de marcottes en Mars ; les grandes gelées lui ſont contraires.

Les feüilles ſont aſtringentes : on

on les met en cataplasme sur les Inflammations & sur les Tumeurs.

Phlomis, * *Plante tres-curieuse.*

Veut être plantée en bonne terre & en belle exposition, se seme en Mars sur couche. Les especes qui viennent des Païs étrangers demandent plus de soin, & craignent l'Hyver.

On n'en connoît point les vertus.

Phytolacca, * *Espece de Solanum.*

Voyez *Solanum*, ci-aprés, lettre S.

Pilosella *.

Monsieur Tournefort a rangé cette Plante sous les especes d'*Hieracium* : la Plante est tres-belle & vient assez aisément; elle

elle se multiplie de semence & de plant.

Pour ses vertus voyez *Hieracium*, ci-devant page 178.

Pimpinella, ***Pimprenelle : Plante medecinale.***

La Pimprenelle se seme en Mars, en terre bien preparée & en belle exposition.

Monsieur Tournefort en a apporté de ses Voyages une tres-belle espece, qui est appellée *Pimpinella spinosa seu semper virens*: elle se seme sur couche en Mars & se replante en bonne terre en May; les gelées lui sont contraires.

La Pimprenelle est detersive, desicative & vulneraire; elle pousse par les urines : elle est propre pour la Phthisie & pour les Fluxions de poitrine : un chacun sçait qu'elle se mange en Salade.

Pinguicula, *Grassete.*

Se plaît dans les lieux frais & presque aquatiques, se multiplie de plant enraciné.

Je n'en connois point les proprietez.

Pinus, *Pin : Arbre.*

On multiplie le Pin de son noyau en Fevrier & en Mars, en bonne terre & en belle exposition : on ne le transplante qu'au bout de trois ans en Octobre ; il aime les lieux élevez & airez.

On ne se sert en Médecine que des Pignons, qui sont les fruits du Pin : ils adoucissent les acretez de la poitrine ; ils nourrissent beaucoup ; ils appaisent les ardeurs d'urine ; ils excitent le lait & la semence.

Piſum, *Pois : Legume.*

Se ſement en Mars en terre bien preparée & en belle expoſition.

Les Pois ſont venteux, chargent beaucoup l'eſtomach, & ſont difficiles à digerer ; ils adouciſſent les acretez de la poitrine, & appaiſent la Toux.

Plantago, *Plantain : Plante medecinale.*

Le Plantain vient par tout ſans ſoin & ſans culture, ſe multiplie de ſemence & de plant.

Le Plantain eſt bon pour les Hemorragies & pour le Cours de ventre ; l'eau de Plantain eſt excellente pour les yeux.

Platanus, *Platane : Arbre.*

Cet Arbre n'eſt guere connu que des Botaniſtes ; c'eſt celui qui est au Jardin Royal, qui a l'écorce si blanche & si unie ; il se multiplie de semence ; il veut être planté en un lieu bien airé & bien exposé.

On n'en connoît point les proprietez.

Polium, * *Herbe de bonne odeur.*

Veut être plantée en bonne terre & en belle exposition, se multiplie de semence sur couche: toutes les especes de cette Plante craignent l'Hyver.

Je n'en connois point les proprietez.

Polygala, * *Plante medecinale.*

Vient sans beaucoup de soin en toute terre, de plant & de semence.

Gesner assûre qu'une poignée de cette Plante infusée dans du vin, purge fort bien.

Polygonatum, *Sceau de Salomon: Plante médecinale.*

Il n'y a presque point de Bois où cette Plante ne croisse en abondance.

Les racines du Sceau de Salomon appliquées exterieurement sont bonnes pour les Descentes. La decoction de toute la Plante est propre pour toutes les maladies de la peau.

Polygonum, *Renouée : Plante médecinale.*

Vient plus que l'on ne veut, sans culture en toute terre; la Plante est tres-commune dans la campagne.

La Renouée est vulneraire & astringente, elle est bonne pour la Dysenterie & pour toutes sortes d'Hemorragies.

Polypodium, *Polipode : Plante medecinale.*

Le Polipode naît en abondance dans les Bois au pied des vieux Chesnes & sur les murailles.

Le Polipode adoucit le sang & emporte les obstructions des visceres : on l'employe dans la Toux seche, dans l'Asthme & dans le Scorbut.

Voyez l'Histoire des Plantes des environs de Paris, page 519.

Polytricum, *Politric : Plante médecinale.*

Voyez *Adiantum*, ci-devant, page 33.

Populago *.

Voyez *Caltha*, ci-devant, page 90.

Populus, *Peuplier : Arbre.*

Le Peuplier blanc, aussi-bien que le noir, vient le long des ruisseaux, se multiplie de jettons.

Je n'en connois point les vertus.

Porrum, *Poireau : Herbe Potagere.*

Les Poireaux se sement en Mars en bonne terre, & se replantent en May en belle exposition.

Les Poireaux sont aperitifs & incisifs ; ils provoquent les Mois, les urines, la semence & le crachat : on l'applique en cataplasme pour la morsure des bêtes venimeuses, & pour faire suppurer.

Portulaca, *Pourpier: Herbe Potagere.*

Se ſeme en Mars ſur couche & ſous cloche, & en May en bonne terre & en belle expoſition.

Le Pourpier purifie le ſang & adoucit les acretez de la poitrine: on le mêle dans les boüillons rafraîſſants & dans les Salades.

Potamogeton *.

Cette Plante ne croît que dans les eaux, & ne s'éleve point dans les Jardins.

Elle n'a aucune vertu.

Potentilla *.

Voyez *Argentina*, ci-devant, page 57.

Primula veris, *Prime-verre : Fleur.*

Veut une terre grasse bien cultivée & une belle exposition, se multiplie de plant enraciné & de semence.

Les feüilles & la racine de cette Plante sont aperitives & vulneraires.

Prunus, *Prunier : Arbre fruitier.*

Se plante en terre bien fumée, bien labourée & en belle exposition en Octobre ; il faut le greffer pour qu'il porte bon fruit: on l'éleve de noyau.

Les Prunes sont humectantes, rafraîchissantes, émollientes, & laxatives: on n'en doit pas manger avec excez ; elles sont difficiles à digerer.

Psillium, *Herbe aux Puces : Plante médecinale.*

Vient en toute terre sans beaucoup de soin ; son exposition est à l'ombre, elle se multiplie de semence & de plant enraciné.

L'Herbe au Puces est bonne pour appaiser l'Inflammation des yeux ; sa decoction est souveraine pour la Dysenterie, & pour l'Inflammation des reins.

Ptarmica, *Herbe à éternuer.*

Le commun vient fort aisément sans culture, en toute terre & en quelque exposition que ce soit ; il se multiplie de semence & de plant. Les especes que Monsieur Tournefort a apporté de ses Voyages veulent être plantées en bonne terre & en belle exposition : on les multiplie de semence sur couche en Mars ;

l'Hyver leur eſt contraire.

On n'en connoît point les vertus.

Pulegium, *Pouliot : Herbe médecinale de bonne odeur.*

Veut un terroir ſec & une belle expoſition, ſe multiplie de ſemence & de plant enraciné.

Cette Plante eſt aperitive, hiſterique, propre pour les maladies de l'eſtomach, & pour celles de la poitrine.

Voyez l'Hiſtoire des Plantes de Monſieur Tournefort, page 225.

Pulmonaria, *Pulmonaire : Plante médecinale.*

Cette Plante étant fort commune dans les Bois ne demande culture; elle ſe multiplie de plant enraciné.

La Pulmonaire s'employe en

prisanne pour les maladies des poulmons.

Punica , *Grenadier : Arbrisseau fruitier.*

Le Grenadier , tant celui qui porte fleur que celui qui porte fruit , demande une bonne terre bien preparée & une belle exposition : on les multiplie de boutures & de marcottes en Avril ; l'Hyver leur est contraire.

Monsieur Lignon a apporté des graines d'une fort jolie espece, que Monsieur Saintard Directeur de la culture des Plantes du Jardin Royal a élevé aussi belle que dans le Païs ; elle porte fleur & fruit, & ne croît pas plus d'un pied & demi de haut ; c'est l'espece que Monsieur Tournefort a nommé *Malus punica indica nana* ; elle demande plus de culture & plus de chaleur que les autres.

Les Grenades douces adoucissent les acretez de la poitrine, appaisent la toux, rafraîchissent & humectent. Les aigres fortifient le cœur, arrêtent les vomissements, & les cours de ventre: on en fait succer les grains aux malades.

Voyez le Traité des Aliments de Monsieur Lemery, page 40.

Pyrola., * *Plante médecinale.*

Se plaît dans les lieux humides & à l'ombre, se multiplie de semence & de plant enraciné.

Elle est astringente & vulneraire; elle arrête toutes sortes d'Hemorragies, & est propre pour consolider toutes sortes de Playes

Pyrus, *Poirier: Arbre fruitier.*

Pour fa culture voyez *Malus*, Pommier, ci-devant, gage 218.

Les Poires font propres pour le Cours de ventre & pour fortifier l'eftomach.

L'ufage des Poires eft mauvais pour ceux qui font fujets à la Colique.

Q.

Quamoclit *.

SE feme fur couche en Mars, & fe tient chaudement toute l'année pour la faire grainer.

La Plante eft annuelle, & n'a aucune vertu.

Quercus, *Chefne: Arbre.*

Se cultive aifément, venant de Gland en toute terre; fe plaît au Nord.

Le Gland de Chesne est astringent & propre pour arrêter toutes sortes de flux : on le fait boire dans du vin aprés l'avoir râpé, ou pilé.

Quinque-folium, *Quinte-feüille : Plante médecinale.*

Demande un terroir gras & ombrageux, vient aussi dans les lieux secs & sabloneux, mais avec plus de difficulté ; il se multiplie de plant enraciné.

La Plante est vulneraire & astringente ; elle est propre pour arrêter toutes sortes de Flux, & pour consolider les playes.

R.

Ranonculus, *Renoncule : Fleur.*

LEs communes qui viennent dans les Prez ne demandent pas grande culture, se plaisent à l'ombre l'ombre & en terre graſſe, ſe multiplie de plant enraciné ; les belles eſpeces que les Curieux cultivent demandent plus de ſoin: on les plante en Septembre en terre legere & en un lieu bien expoſé : on aura ſoin de faire des paillaſſons pour les preſerver des gelées : on les déplante quand la feüille commence à ſecher, & que la fleur eſt paſſée, ce qui arrive ordinaïrement à la fin de May.

Les Renoncules ne ſervent point en Médecine.

Rapa, *Rave.*

Se ſeme ſur couche en Fevrier, & en pleine terre en Mars, Avril & May.

Les Raves pouſſent par les urines & chaſſent la Pierre ; elles excitent les Mois ; elles ſont propres pour la Jauniſſe & l'Hydropiſie.

Raphaniſtrum *.

Veut un lieu ſec & pierreux, ſe multiplie de ſemence & de plant enraciné.

On n'en connoît point les proprietez.

Raphanus, *Raifort.*

Voyez *Rapa*, Rave, ci-devant page 281.

Rapiſtrum, *Sanve.*

Vient plus qu'on ne veut en toute terre, ſe multiplie de ſemence.

On n'en connoît point les proprietez.

Rapunculus, *Raiponce.*

Vient dans les Prez ſans culture, ſe ſeme en Octobre.

La Raiponce ſe mange en Salade pendant le Carême.

Regina prati, *Reine des Prez.*

Voyez *Vlmaria*, ci-aprés lettre V.

*Reſeda**.

Vient en toute terre ſans culture, ſe multiplie de ſemence & de plant.

On n'en connoît point les proprietez.

Rhababarum, *Rheubarbe.*

Monſieur Tournefort a rangé cette Plante ſous les *Lapathum*, ci-devant page 195.

Ramnus, *Nerprum*, *Arbre.*

Veut être planté en terre graſſe & à l'ombre, ſe multiplie de ſemence & de Jettons.

Les Bayes de Nerprum ſont purgatives, bonnes pour les Goutteux, les Paralitiques, les Cakectiques, & pour le Rhumatisme.

Rhus, *Sumac : Arbre.*

Nous avons deux eſpeces de Sumac, l'un blanc & l'autre noir ; on les plante tous deux en bonne terre & en belle expoſition : on les multiplie de marcottes.

Le Sumac eſt bon pour la Dyſenterie, pour toutes ſortes d'Inflammations & Hemorragies.

Ricinus, *Ricin : Plante médecinale.*

Se ſeme ſur couche chaude en Mars, ſe replante en Juin en bonne terre & en belle expoſition.

La Plante eſt annuelle.

Les fruits de cette Plante purgent par haut & par bas.

Roſa, *Roſier: Fleur.*

Les Roſiers viennent aſſez aiſément en toute terre, veulent cependant une belle expoſition, ſe multiplient de jettons.

Je me ſuis laiſſé dire que l'on faiſoit venir des Roſes vertes en les greffant ſur des Houx en écuſſon; je n'ai pas encore fait cette experience.

Les Roſes ſont aſtringentes & propres pour conſolider les Playes; l'eau diſtillée des fleurs de Roſes eſt excellente pour le cœur: on employe les Roſes de Provins infuſées dans du vin pour fortifier les nerfs.

Roſmarinus, *Romarin: Arbriſſeau de bonne odeur.*

Veut une terre bien preparée & une belle expoſition, ſe multiplie de boutures & de marcottes; les grandes gelées lui sont contraires.

Le Romarin est astringent, & propre pour arrêter toutes sortes d'Hemorragies, & Cours de ventre.

Ros solis *.

Veut une terre grasse & humide, se plaît à l'ombre, se multiplie de plant.

Je n'en connois point les proprietez.

Rubeola, * *Plante médecinale.*

Vient en terroir sec & mal cultivé, se multiplie de semence & de plant enraciné.

Cette Plante est propre pour la Squinancie.

Rubia, *Guarance : Plante médecinale.*

Vient en toute terre & en quelque exposition que ce soit, sans soin & sans culture ; se multiplie de plant enraciné.

La Plante est astringente, & propre pour arrêter toutes sortes de Flux.

Les Teinturiers se servent de cette Plante pour teindre en rouge.

Rubus, *Ronce.*

Ne demande culture.

La Ronce est astringente, detersive & absorbente ; la décoction de ses feüilles arrête le Cours de ventre & les Fleurs blanches ; pilées & mâchées guerissent les Ulceres des gencives ; appliqueés sur les Dartres, elles les mortifient, & guerissent les Hemorroïdes.

Voyez l'Histoire des Plantes des environs de Paris, page 138.

Ruſcus, *Houſſon : Plante médecinale.*

Il n'y a guere de Bois où cette Plante ne ſoit en abondance.

La racine de cette Plante eſt une des cinq racines aperitives ordinaires, propre pour emporter les obſtructions des viſceres, & pour faire paſſer les urines.

Ruta, *Ruë : Plante médecinale.*

Se plaît en bonne terre & en belle expoſition, ſe multiplie de ſemence & de plant.

La Ruë pouſſe par les urines, & eſt excellente pour toute ſortes de poiſons & morſures de bêtes venimeuſes.

Ruta muraria, * *Espece de Capillaire.*

Il n'y a guere de vieux murs où cette Plante ne vienne en abondance.

Pour ses vertus voyez *Adianum*, ci-devant, page 33.

S.

Sabina, *Sabine: Arbrisseau medecinal.*

LA Sabine veut être plantée en terre grasse bien cultivée & en belle exposition, se multiplie de semence & de marcottes.

La Sabine provoque l'urine & les Mois des femmes.

Les femmes enceintes ne doivent point s'en servir: on pretend qu'elle est bonne pour les maux Veneriens.

Sagitta, * *Plante aquatique.*

Se plaît & se trouve dans les Mares; ne s'éleve guere dans les Jardins.

On n'en connoît point les vertus.

Monsieur Tournefort a nommé cette Plante *Ranunculus palustris folio sagittato minori.*

Salicaria, * *Plante médecinale.*

Cette Plante est tres-commune le long des eaux.

Elle est souveraine pour le mal des yeux.

Salix, *Saulx ou Saule : Arbre.*

On plante ordinairement cet Arbre le long des ruisseaux & dans les lieux marécageux : on le multiplie de boutures : on le taille ordinairement tous les trois ans.

La decoction des feüilles de Saulx est bonne pour arrêter toutes sortes d'Hemorragies, & pour la Dysenterie.

Salvia, *Sauge : Plante médecinale & de bonne odeur.*

Toutes les especes de Sauge se cultivent & se multiplient de la même maniere.

Je n'en connois que deux que Monsieur Tournefort a apporté de ses Voyages qui soient plus bizarres & plus difficiles à venir que les autres : on les seme en Avril sur couche, pour être replantées en bonne terre & en belle exposition dans des pots un mois aprés qu'elles seront levées ; elles apprehendent l'Hyver ; il faut les dépoter tous les ans pour leur couper le trop de racines, & pour leur renouveller leur terre.

Les autres especes que tout le monde connoît, quoique belles, ne demandent pas la Serre, ni tant de precautions ; elles viennent de semence & de marcottes en bonne terre & en belle exposition.

On pretend que la decoction de Sauge est excellente pour le tremblement des mains & du corps : on s'en sert pour fortifier les nerfs, & pour arrêter les Fleurs blanches des femmes : son eau distillée éclaircit la vûë : on fait venir de Provence la petite Sauge, que l'on prend comme le Thé, pour faire suer & pour les maux de tête.

Sambucus, *Sureau* : *Arbre*.

Vient sans soin & sans culture en toute terre : on le multiplie de boutures en Mars.

Le jus exprimé de l'écorce de

la racine de Sureau fait vomir, & excite les eaux des Hydropiques, Dioſcoride aſſure que les feüilles de Sureau miſes en cataplaſme ſont bonnes pour appaiſer l'Inflammation des Ulceres, qu'elles ſont bonnes pour la Brûlure & la Goutte: on met les fleurs de Sureau dans le vinaigre, ce qui le rend tres-bon & agreable.

Samolus, * *Plante aquatique.*

Se plaît & ſe trouve dans les étangs.

On n'en connoît point les vertus.

Sanicula, *Sanicle : Plante médecinale.*

Se plaît dans les lieux incultes & pierreux, ſe multiplie de ſemence & de plant enraciné.

Cette Plante eſt vulneraire,

aperitive, & detersive : on s'en sert à la maniere du Thé.

Santolina, *Petit Cyprés, ou Garde-robe : Plante medecinale.*

Veut être planté en terre grasse bien cultivée & en belle exposition, se multiplie de semence & de plant enraciné.

Pline assûre que le petit Cyprés infusé dans du vin & bû, est excellent pour la morsure des bêtes venimeuses.

Sapindus, *Savonnier : Arbre des Indes.*

Les graines de cet Arbre ont été apportées par Monsieur Lignon : on les a élevez & ont produits de petits Arbres que l'on a cultivez au Jardin Royal jusqu'à present : on les a semez sur couche chaude, & on les tient l'Esté aussi-bien que l'Hyver le plus chaudement qu'on peut.

On n'en connoît point les vertus.

Satureia, *Sariette : Plante médecinale de bonne odeur.*

La Sariette ſe ſeme en Mars, en terre ſeche & en belle expoſition.

La Plante eſt annuelle.

Pour ſes vertus voyez *Thimus*, Thim, ci-aprés lettre T.

Saxifraga, *Saxifrage.*

Voyez *Sedum*, ci-aprés page 301.

Scabioſa, *Scabieuſe : Plante médecinale.*

Veut une terre graſſe & bien cultivée, ſe multiplie de ſemence & de plant enraciné.

La Scabieuſe eſt alexitere, ſudorifique, aperitive, deterſive & vulneraire.

Voyez l'Hiſtoire des Plantes des environs de Paris, page 140.

Scandix, * *Plante médecinale.*

Se plaît le long des eaux, ſe multiplie de plant enraciné.

La decoction de ſes feüilles eſt bonne pour les maladies du bas ventre & de la veſſie.

Scilla, *Squile: Oignon Marin.*

La Squile ne s'éleve point dans ces Païs; les Droguiſtes de la ruë des Lombards la font venir des Païs étrangers. Il y en a de deux eſpeces, l'une blanche, & l'autre rouge; la blanche eſt la plus rare: on les plante toutes deux en terre graſſe bien cultivée & en belle expoſition.

La Squile cuite en vinaigre & bûë eſt bonne pour diſſiper les humeurs crasses : elle est bonne pour provoquer l'urine, & pour l'Hydropisie : on s'en sert aussi pour les Obstructions du foye & de la ratte.

Scirpus *.

Les especes de cette Plante sont communes le long des eaux.

Voyez l'Histroire des Plantes des environs de Paris, page 532.

On n'en connoît point les vertus.

Sclarea, *Toute-bonne : Plante médecinale.*

La Toute-bonne commune vient sans beaucoup de soin & de culture; elle se multiplie de graine & de plant enraciné en toute terre & en quelque exposition que se soit.

Celle qu'on nomme *Sclarea Canarienſis ampliſſimo folio*, demande plus de ſoin : on la ſeme en Mars ſur couche : on la replante en Avril en bonne terre & en belle expoſition ; les grandes gelées lui ſont contraires.

On ne connoît point les vertus de cette derniere-ci ; il n'y a que la Toute-bonne commune qui ſerve en Médecine : on fait une boiſſon avec l'Orvalle ou Toute-bonne, le miel, le ſon & de l'eau, qui eſt excellente pour la poitrine ; la Plante eſt vulneraire.

Scolymus, *Scolime : eſpece d'Epine jaune.*

Nous avons deux eſpeces de Scolime, une qui eſt annuelle, & l'autre qui eſt vivace ; celle qui eſt annuelle ſe ſeme en Septembre en bonne terre & en belle exposition ; l'autre se seme en Mars, mais elle vient plus vîte de plant enraciné.

On n'en connoît point les vertus.

Scorpioïdes, *Chenille.*

Se seme au Printems en bonne terre & en belle exposition.

La Plante est annuelle.

Dioscoride pretend que cette Plante est bonne pour la morsure des Scorpions : on mange en Salade le fruit de cette Plante.

Scorzonera, *Scorsonnaire : Plante médecinale.*

Se seme au Printems, en terre bien preparée & en belle exposition, se replante en Juin : quoique la Plante soit vivace, on doit la semer tous les ans pour la renouveller.

La Scorsonnaire excite l'urine,

fortifie l'estomach, provoque les sueurs & les Mois aux femmes.

Scrophularia, *Scrofulaire : Plante médecinale.*

Vient en toute terre, & en quelque exposition que se soit, sans culture ; elle se multiplie de plant enraciné.

On se sert de la Scrofulaire pour resoudre les Tumeurs & pour adoucir l'inflammation des Hemorroïdes ; la Plante est resolutive, émoliente & adoucissante.

Secale, *Seigle : Grain.*

Se seme en terre bien labourée & bien preparée vers la Saint Martin.

La Plante est annuelle.

Le Seigle s'employe avec le Bled pour faire du pain ; il lâche le ventre.

Securidaca *.

Voyez *Coronilla*, ci-devant, page 123.

Sedum, *Joubarde : Plante médecinale.*

Toutes les especes de cette Plante viennent fort aisément en toute terre & en quelque exposition que ce soit : on les multiplie de plant enraciné.

L'espece qu'on nomme *Sedum majus arborescens* demande plus de soin : on la plante en bonne terre & en belle exposition ; elle se multiplie de boutures en Avril ; elle craint l'Hyver.

On ne connoît point les vertus de cette derniere espece : on se sert de la Joubarde commune pour l'Esquinancie & pour les Corps des pieds : on fait boire chopine du suc de cette

Plante aux chevaux fourbus.

Senecio, *Seneçon : Plante medecinale.*

Vient plus que l'on ne veut dans les Jardins, sans culture.

Le Seneçon est émollient, adoucissant & resolutif : on s'en sert pour appaiser la Colique, & pour faire avancer les suppurations ; cette Plante purge les Serains de Canarie.

Senna, *Sené : Plante medecinale.*

Il est fort difficile d'élever dans ces Païs des Plantes qui viennent du Levant : cependant j'en ai élevé plusieurs especes qui m'avoient été envoyez, & les ai conservez pendant l'Hyver ; il faut les semer sur couche chaude en Mars, puis les replanter en bonne terre & les mettre ſous un chaſſis de verre, pour qu'elles croiſſent & qu'elles ſe fortifient pendant l'Hyver.

Un chacun ſçait qu'on ſe ſert du Sené pour puger.

Serpillum, *Serpolet : Plante médecinale de bonne odeur.*

Le Serpolet ne demande culture, venant ſur les Bruïeres & dans les lieux incultes ; il ſe multiplie de plant enraciné.

Le Serpolet provoque les Mois & l'urine, chaſſe le Calcul, & pouſſe par les ſueurs. L'huile eſſentielle de cette Plante eſt bonne pour l'Epilepſie ; la Conſerve des fleurs ou des feüilles de Serpolet ſoulagent ceux qui ſont ſujets au mal Caduc.

Serratula *.

Voyez *Jacea*, Jacée, ci-devant page 185.

Sezeli,* *espece d'Angelique.*

Voyez *Angelica*, Angelique, ci-devant, page 49.

Sycioïdes *.

Se seme en bonne terre & en belle exposition en Mars.

La Plante est annuelle.

On n'en connoît point les vertus.

Sideritis, *Crapaudine : Plante médecinale.*

Elle ne demande culture, étant tres-commune dans les Bois & sur les Collines : on la multiplie de plant enraciné.

La Plante est vulneraire & astringente.

Siliqua, *Carroubier : Arbre.*

Veut être planté en bonne terre & en belle exposition : on le le multiplie de noyau ; il craint l'Hyver.

On engraisse les Pourceaux du fruit de cet Arbre : on pretend qu'il lâche le ventre, & qu'il provoque l'urine.

Siliquastrum, *Guainiér : Arbre de Judas.*

Veut une bonne terre & une belle exposition, se seme en Octobre à l'ombre : on le multiplie aussi de jettons.

On n'en connoît point les vertus.

Sinapi, *Senevé : Plante médecinale.*

Se seme en terre grasse bien labourrée & bien cultivée, en Mars.

La Plante est annuelle.

Le semence de Senevé excite l'appetit, aide à la digestion,

pouſſe par les urines, & provoque l'éternuëment : on s'en ſert exterieurement pour faire ſuppurer les Tumeurs & les Abcés. Un chacun ſçait qu'on fait la moutarde avec les ſemences de cette Plante.

Siſymbrium, * *Plante médecinale.*

Toutes les eſpeces de cette Plante ſont tres-communes dans les campagnes : on les multiplie de ſemence.

On ne ſe ſert en Médecine que du *Sophia Chirurgorum* pour arrêter toutes ſortes de Flux ; cette Plante appliquée exterieurement guerit les Ulceres.

Siſyrinchium *.

Voyez *Iris*, ci-devant, page 189.

Sium, *Berle : Plante médecinale.*

Ne demande pas grande culture, veut une terre grasse & à l'ombre, se multiplie de semence & de plant enraciné.

On se sert de cette Plante pour purifier le sang, & pour emporter les obstructions.

Smilax *.

Veut une terre bien preparée & une belle exposition : on la multiplie de plant enraciné ; elle craint les grands Hyvers.

On n'en connoît point les vertus.

Smyrnium, *Maceron : Plante médecinale.*

Ne demande pas grande culture, venant en toute terre & en quelque exposition que ce ſoit : on la multiplie de ſemence & de plant enraciné.

Dioſcoride aſſure que cette Plante eſt bonne pour la difficulté d'urine & pour faire cracher; elle provoque auſſi les Mois.

Solanum , *Morelle : Plante médecinale.*

Il n'y a point de Jardin où cette Plante ne vienne en abondance : les eſpeces qui viennent des Païs étrangers demandent ſoin & culture : on les ſeme en bonne terre & en belle expoſition en Mars ; l'Hyver leur eſt contraire.

Ces dernieres eſpeces n'ont aucune vertu : on ſe ſert de la Morelle pour les Hemorroïdes, pour l'Ereſipele, & pour les maladies de la peau.

Soldanella, *Soldanele.*

Voyez *Convolvulus*, ci-devant, page 119.

Sonchus, *Laittron : Plante médecinale.*

Vient plus qu'on ne veut en toute terre, ſans ſoin & ſans culture.

On fait boire la decoction de Laittron pour temperer la chaleur du bas ventre, & pour emporter les Obſtructions.

Sorbus, *Sorbier : Arbre.*

Voyez *Ctratægus*, Aliſier, ci-devant, page 126.

Sparganium *.

Cette Plante ſe trouve dans les lieux aquatiques.

Je n'en connois point les vertus.

Spartium *.

Se plaît dans les lieux ſablo-neux.

Je n'en connois point les pro-prietez.

Sphodilium, *Berce : Plante médecinale.*

Vient en toute terre & en quelque expoſition que ce ſoit, ſe multiplie de ſemence & de plant enraciné.

Tabernæ Montanus dit que la decoction des feüilles ou de la racine de cette Plante eſt laxative & qu'elle guerit les Va-peurs.

Spinacia, *Epinards : Legume.*

Se ſement tous les ans en Sep-tembre, en terre graſſe & bien préparée.

On mange les Epinards pendans le Carême ; ils appaisent la Toux, & tiennent le ventre libre.

Spiræa, * *Arbrisseau.*

Veut être planté en bonne terre & en belle exposition, se multiplie de jettons.

On n'en connoît point les proprietez.

Spongia, *Esponge : Plante naturelle.*

Cette Plante se trouve & vient naturellement où la Mer flotte.

On ne s'en sert point en Médecine.

Stachys *.

Toutes les especes de Stachis demandent culture : on les plantera en bonne terre bien preparée & en belle exposition : on les multiplie de semence sur couche.

Les eſpeces qui viennent des Païs étrangers craignent l'Hyver.

On n'en connoît point les vertus.

Staphylodendron, *Nez-coupez* : *Arbre.*

Veut être planté en bonne terre & en belle expoſition, ſe multiplie de noyaux & de jettons.

On n'en connoît point les proprietez.

Staphiſagria, *Herbe-aux-poux* : *Plante médecinale.*

La fleur de cette Plante eſt tres-belle & propre dans un Parterre : on la ſeme en Septembre en bonne terre & en belle expoſition.

La plante eſt annuelle.

La ſemence de cette Plante

cuite en vinaigre & miſe en cataplaſme, guerit le mal de dents, les Fluxions & les Ulceres : on pretend que le même Remede fait mourir les poux, & guerit les maladies de la peau, comme la Gratelle & les Demangeaiſons.

Pline, Livre 23. Chapitre 1.

Statice, * *Fleur.*

Vient en toute terre ſans beaucoup de ſoin : on la ſeparera tous les deux ans pour en ôter le peuple ; la Plante eſt fort propre pour faire des Bordures.

On n'en connoît point les vertus.

Stœcas, * *Plante de bonne odeur & médecinale.*

Veut être plantée en bonne terre & belle expoſition, ſe multiplie de ſemence ſur couche en

Avril : elle craint l'Hyver.

On diſtile une eau de Stœcas excellente pour l'Apoplexie & l'Epilepſie.

Stramonium, * *Fleur.*

Les *Stramonium* doubles, violets & blancs, veulent être ſemez ſur couche & ſous cloches en Mars : on les tient le plus chaudement qu'on peut pour les faire grainer : les ſimples ne demandent culture.

Pluſieurs pretendent que les *Stramonium* ſont des poiſons.

Styrax, *Storax* : *Arbre.*

Cet Arbre n'eſt connu que des Botaniſtes ; il eſt tres-beau & porte une fleur tres-belle, & tres-odoriferante : on le plantera en bonne terre & en belle expoſition : on le multiplie de noyau en Septembre ; les semences sont un an sans lever.

On tire une essence des fleurs de Storax qui sent tres-bon.

Suber, *Liege: Arbre.*

On ne sçait comment multiplier cet Arbre, il est unique au Jardin Royal ; je crois pourtant qu'il se multiplie de Gland comme le Chesne : on se sert de l'écorce du Liege pour faire des bouchons, & pour mettre à des filets pour pêcher.

Simphytum, *Consoude : Plante médecinale.*

Se plaît en terre grasse, humide & à l'ombre, se multiplie de plant enraciné.

Les racines de Consoude pilées & appliquées en cataplasme, adoucissent les piqueures des tendons, les douleurs de la Goutte,

& arrêtent les Ulceres ambulans.

Voyez l'Hiſtoire des Plantes des environs de Paris, page 306.

Syringa, * *Arbriſſeau.*

Cet Arbriſſeau eſt propre pour mettre en Eſpalier le long d'un mur, ou pour mettre au pied d'un Berceau ; l'odeur de ſa fleur eſt tres-agreable : on le plante en bonne terre & en belle expoſiton : on le multiplie de marcottes.

On n'en connoît point les vertus.

T.

Tagetes, *Oeillet d Inde : Fleur.*

LEs Oeillets d'Indes veulent être ſemez en bonne terre ou ſur couche en Avril, pour être replantez en Juillet en belle exposition.

La Plante est annuelle.

On n'en connoît point les vertus.

Tamarindus, *Tamarin* : *Arbre.*

On a bien de la peine pour élever dans ces Païs les Tamarins : on ne leur sçauroit donner le même degré de chaleur qu'ils ont dans leur Païs : j'en ai semé il y a trois ou quatre ans qui ont levé, & qui ont passé l'Esté assez beaux ; quand ils ont senti les approches de l'Hyver ils n'ont pû resister.

On se sert des Tamarins pour lâcher le ventre & purger la Bille : on s'en sert aussi pour arrêter les Vomissements, pour appaiser la soif & les douleurs de tête : ils guerissent la Jaunisse, le mal de ventre, la Galle, & autres maladies causées d'un sang brûlé.

Tamariscus, *Tamaris : Arbre.*

Veut être planté en terre noire & humide, & en belle exposition : on le multiplie de jettons & de boutures ; les grands froids lui sont contraires.

La decoction de sa racine est bonne pour ceux qui ont la ratte offensée & qui ont des maux Veneriens : on s'en sert aussi pour arrêter toutes sortes de Flux.

Tamnus, *Racine vierge : Plante médecinale.*

Se plaît en terre grasse & bien cultivée, se multiplie de plant.

La racine de cette Plante est diuretique; pilée & appliquée sur les meurtrissures, les guerit en peu de tems.

Tanacetum, *Tanaisie: Plante médecinale.*

Vient sans soin & sans culture plus qu'on ne veut, se muliplie de plant enraciné.

L'Infusion de ses feüilles dans du vin blanc provoque les Mois des femmes : on s'en sert pour les gersures des mains, pour le Rhumatisme, pour purifier le sang & pour emporter les Obstructions.

Voyez l'Histoire des Plantes des environs de Paris, page 366.

Taxus, *If: Arbre.*

Se cultive comme l'*Abies*, Sapin, ci-devant, page 25.

Quelques-uns pretendent que c'est un poison, & que son ombre même est dangereuse, ce qui est tres-faux : on mange son fruit ſans s'en trouver incommodé.

Telephium *.

Voyez *Anacampſeros*, Orpin, ci-devant, page 43.

Terebinthus, *Terebinthe* : *Arbre.*

Se plaît en bonne terre bien cultivée & en belle expoſition, ſe multiplie de ſemence & de marcottes ; les marcottes ſont deux ans ſans prendre racine ; l'Hyver lui eſt contraire.

L'écorce, les feüilles & les fruits de Terebinthe ſont aſtringents ; c'eſt de cet arbre que ſort la Terebenthine.

Teucrium, * *Herbe médecinale de bonne odeur.*

Veut un terroir gras & bien cultivé, ſe multiplie de ſemence en Mars ſur couche, ſe plaît en belle expoſition.

On pretend que l'infuſion de cette Plante priſe à jeun, guerit les morſures des bêtes venimeuſes, & ſert de contre-poiſon.

Thalictrum, * *Plante medecinale.*

Veut être planté en terroir ſec & pierreux, vient en toute expoſition ſans beaucoup de ſoin, ſe multiplie de ſemence & de plant enraciné.

La décoction de ſes feüilles lâche le ventre; miſes en cataplaſme font reſoudre les Tumeurs.

Thapſia, * *Plante médecinale.*

Se cultive comme le *Talictrum*, ci-deſſus.

La racine de *Thapſia* pilée &

appliquée, eſt bonne pour les maladies de la peau.

Thlaſpi, * *Fleur.*

Les eſpeces qui ſont annuelles ſe ſement tous les ans en bonne terre & en belle expoſition ; l'autre eſpece qui eſt vivace veut auſſi être plantée en bonne terre & en belle expoſition ; elle craint l'Hyver : on la multiplie de boutures.

On ne connoît point les vertus des Thlaſpi.

Thlaſpidium *.

Vient en toute terre ſans beaucoup de culture, ſe multiplie de ſemence.

On n'en connoît point les proprietez.

Thuya, *Arbre de vie.*

Demande une bonne terre bien cultivé, & une belle exposition; se multiplie de semence.

On n'en connoît point les proprietez.

Thymbra, *Thymbre.*

Voyez *Satureia*, Sariette, ci-devant page 295.

Thymelea, *Garou: Arbrisseau.*

Vient en toute terre sans soin, se multiplie de semence.

Je n'en connois point les vertus.

Thymus, *Thim: Plante médecinale de bonne odeur.*

Vient en terroir sec & en belle exposition, se replante tous les ans en Septembre, se multiplie de plant enraciné.

Le Thim fortifie le cerveau, attenuë & rarefie les humeurs visqueuses; il est propre pour l'asthme, il excite l'appetit & aide la digestion; il chasse les vents & resiste au venin.

Voyez Monsieur Lemery dans son Traité des Aliments, page 149.

T*hysselinum* *.

Voyez *Sezeli*, ci-devant, page 304

On n'en connoît point les proprietez.

Tilia, *Tillau ou Tilleul : Arbre.*

Ne demande culture, se multiplie de semence, & de Jettons: on plante ordinairement cet Arbre dans des avenuës.

On pretend que les feüilles

de cet Arbre sont propres pour les Ulceres qui viennent aux jambes.

Tinus, *Laurier-Tim : Arbrisseau.*

Veut être planté en bonne terre & en belle exposition, se multiplie de semence en Automne & de marcotte en Mai ; il craint les grands hyvers.

On n'en connoît point les vertus.

Tithymalus, *Titimale plante Medicinale.*

Toutes les especes de cette plante sont tres-communes dans la campagne.

Le suc laiteux de cette Plante est à craindre, donnant la galle, & causant des demangeaisons insupportables ; on ne se sert en

Medecine que du *Tithymalus cyparissias*, ou *Esula minor* pour purger.

Tordylium *.

Voyez *Caucalis*, ci-devant, page 103.

Tormentilla, *Tormentille : Plante médecinale.*

Ne demande culture, venant fort communement dans les campagnes & ſur les Collines ; ſe multiplie de ſemence & de plant enraciné.

Pour ſes vertus voyez *Pervinca*, Pervenche, ci-devant, page 261.

Tragopogon ; *Barbe de Bouc.*

Vient en toute terre, ſans culture de ſemence.

On n'en connoît point les vertus.

Tragoſelinum, *Boucage.*

Vient en bonne terre & en belle expoſition, ſe multiplie de ſemence & de plant enraciné.

On n'en connoît point les proprietez.

Tribulus, *Tribule : Plante medecinale.*

Cette Plante ne s'éleve point dans les Jardins; elle ne ſe trouve que dans les eaux.

Elle eſt tres-bonne pour les inflammations des Ulceres : on en fait une eau excellente pour les yeux.

Trychomanes *.

Voyez *Adiantum*, ci-devant, page 33.

Trifolium, *Trefle : Plante médecinale.*

Ne demande culture.

On se sert du Trefle à fleur rouge pour resoudre les Tumeurs où il n'y a point d'inflammation.

Triticum, *Froment* : *Grain.*

Se seme en terre bien fumée, & bien preparée à la Saint Martin.

Un chacun sçait qu'on fait le Pain avec le Froment.

Tubera, *Truffes.*

Monsieur Tournefort a rangé cette Plante sous les *Solanum*; elle vient en bonne terre & en belle exposition. On la multiplie de semence & de plant.

Il n'y a presque point de ragoût exquis où l'on n'insere les Truffes ses en abondance, n'étant pas des plus rares, sur tout aux environs de Paris : on s'en sert en Medecine pour fortifier l'estomach, & exciter les ardeurs de Venus : on n'en usera pas immoderement, parce qu'elles peuvent causer de violentes Coliques & des vents.

Tulipa, *Tulipe : Fleur.*

Se plante en Octobre en bonne terre & en belle exposition, se déplante en Juin : on multiplie la Tulipe de ses cayeux, la semence est trop longue.

On ne s'en sert point en Médecine.

Turritis, *espece de Chou Sauvage.*

Ne demande culture.

On n'en connoît point les vertus.

Tussilago, *Pas-d'âne : Plante médecinale.*

Se plaît en bonne terre & à l'ombre, se multiplie de plant enraciné.

On se sert des feüilles de Pas-d'âne pour faire avancer la suppuration des Tumeurs : on fait fumer aux Asthmatiques les feüilles de cette Plante comme le Tabac.

Thypha : *Masse.*

Vient sans soin & sans culture comme le Chiendant.

On n'en connoît point les vertus.

V.

Valeriana, *Valeriane : Plante médecinale.*

VIent en toute terre & en quelque expoſition que ce ſoit, ſans beaucoup de culture ; ſe multiplie de ſemence & de plant enraciné.

La Valeriane provoque les Mois, ſoulage les Aſthmatiques, & ceux qui ſont ſujets aux Vapeurs : on pretend qu'elle eſt bonne pour l'Epilepſie.

Valerianella, *Mâche.*

Se ſeme en terre humide & à l'ombre en tout tems.

On mange ordinairement les Mâches en Salade pendant le Carême ; elles tiennent le ventre libre.

Veratrum, *Ellebore blanc : Plante médecinale.*

Voyez ci-devant *Helleborus*, Ellebore, page 174.

Verbascum, *Molaine ou Boüillon blanc : Plante médecinale.*

Il n'y a rien de si commun en campagne que le Boüillon blanc.

Cette Plante est adoucissante & vulneraire : on en fait boire la decoction pour la Colique, pour la Dissenterie, & pour le Cours de ventre.

Verbena, *Verveine : Plante médecinale.*

Aime un terroir sec & pierreux, se multiplie de semence & de plant

La Verveine est vulneraire, detersive, aperitive, febrifuge ; pour les pâles couleurs, on boit le vin où elle a infuſé pendant la nuit.

L'extrait ou le ſuc de Verveine guerit les Fiévres intermitentes : on la fait prendre comme le Thé aux perſonnes qui ſont ſujettes aux Vapeurs.

Voyez l'Hiſtoire des Plantes des environs de Paris, page 309.

Veronica, *Veronique : Plante médecinale.*

Se plaît en terroir gras & à l'ombre, ſe multiplie de ſemence & de plant enraciné.

Le Sirop de Veronique purifie le ſang ; la decoction eſt bonne pour la Colique ; l'eau diſtillée de cette Plante eſt bonne pour les Ulceres du poulmon, pour les Vapeurs, & pour le Calcul : on s'en ſert maintenant à la maniere du Thé : on pretend qu'une dragme de poudre de Veronique avec autant de Theriaque guerit les Fiévres pourpreuses.

Viburnum, *Viorgne : Plante medecinale.*

Ne demande culture, étant tres-commune en campagne.

Mathiole assure que la Viorgne est astringente, & propre à raffermir les gencives ; & que ses fruits mis en poudre arrête le Cours de ventre.

Vicia, *Vesse : Grain.*

Se seme en Mars, en terre bien preparée.

On nourrit les pigeons de ce Grain.

Viola, *Violette : Fleur.*

Vient en toute terre sans culcure, se multiplie de semence & de plant.

L'infusion de deux onces de racines de cette Plante purge par haut & par bas; les fleurs lâchent le ventre : on fait des fleurs de cette Plante un Sirop qui purge comme l'infusion de la Plante.

Virga aurea, *Verge d'or : Plante médecinale.*

Vient en bonne terre & en belle exposition, de semence & de plant enraciné : on plante ordinairement cette Plante dans les Parterres, parce que sa fleur n'est pas desagreable : on ordonne cette Plante dans les ptisannes & dans les boüillons pour la Dysenterie, & pour toutes sortes d'Hemorragies.

Viſcum, *Gui.*

Cette Plante ne ſe trouve jamais ſur la terre, elle naît ſur le Chêne, le Pommier, le Prunier, le Poirier; & pluſieurs autres Arbres.

Voyez l'Hiſtoire des Plantes des environs de Paris, page 350.

On ne s'en ſert point en Médecine.

Vitex, *Arbriſſeau.*

Voyez *Agnus Caſtus*, ci-devant, page 34.

Vitis, *Vigne.*

La nouvelle Maiſon ruſtique parle amplement ſur les diverſes façons qu'on doit faire à la Vigne; je ne m'arrêterai point ici à en donner une culture, parce que chaque Païs la cultive à ſa maniere; je dirai ſeulement qu'-

elle

elle doit être plantée en belle exposition : on la multiplie de provin & de boutures : on la doit tailler tous les ans en Mars.

Un chacun sçait qu'on fait le vin avec le jus exprimé du fruit de cette Plante.

Vitis Idæa, *Airelle ou Mirtille : petit Arbrisseau.*

Cette Plante est tres-commune dans les Bois : on la plante à l'ombre ; elle se multiplie de jettons.

On ne s'en sert point en Médecine.

Ulmaria, *Reine des Prez : Plante medecinale.*

Il n'y a guere de Prez où cette Plante ne soit en abondance : on l'appelle *Ulmaria*, parce que ses feüilles ressemblent à celles de l'Orme ; elle vient en terre grasse : on la multiplie de plant enraciné.

Cette Plante est sudorifique, cordiale, & vulneraire ; elle guerit le Cours de ventre & le Crachement de sang.

Ulmus, *Orme : Arbre*

Veut être planté dans un lieu humide & à l'ombre, se multiplie de jettons & de semence : on plante ordinairement cet Arbre dans des Avenuës, & dans les lieux où on veut avoir du couvert : on pretend que les feüilles d'Orme sont bonne pour consolider les Playes.

Urtica, *Ortie : Plante médecinale.*

Je ne conseille à personne de planter cette Plante dans son Jardin, elle est assez commune par tout.

On pretend que l'Ortie eſt bonne pour le crachement de ſang, pour la Dyſenterie, & les Fleurs blanches ; la ptiſanne d'Ortie eſt bonne dans les Fiévres malignes, dans la petite Verole, & la Rougeole.

X.

Xanthium * *Plante médecinale.*

SE plaît en terre graſſe & à l'ombre, ſe multiplie de ſemence.

Je crois que la Plante eſt annuelle.

On aſſure que le *Xanthium* guerit les Ecroüelles, les Dartres, & purifie le ſang.

Dioſcoride aſſure que l'on applique ſes feüilles ſur les Tumeurs ſcrophuleuſes.

Xeranthemum, *Immortelle : Fleur.*

Se ſeme ſur couche en Mars, ſe replante en Avril en bonne terre & en belle expoſition.

La Plante eſt annuelle.

Elle n'a aucune vertu.

Xilon, *Cottonier.*

On n'éleve point cette Plante en France, on en envoye des ſemences au Jardin Royal que l'on éleve pour les Demonſtrations; l'Hyver les fait perir: c'eſt la Plante qui porte le Cotton.

Y

Yuca *.

QUoique cette Plante viene d'un Païs tres-chaud; elle ſe cultive & vient aſſez aiſément en France : on la plante en bonne terre & en belle expofition : on la multiplie d'œilletons.

On n'en connoît point les vertus.

Z.

Ziziphus, *Jujubier.*

CEt Arbre n'eft, à ce que je crois, qu'au Jardin Royal : on le plante en bonne terre & en belle expofition : on le multiplie de marcottes & de noyaux.

On ordonne les Jujubes dans les ptifannes pour adoucir les acretez de la gorge, pour la Toux, & pour le crachement de fang.

FIN.

PRIVILEGE DU ROY.

LOUIS par la grace de Dieu Roy de France & de Navarre : A nos amez & feaux Conseillers les Gens tenans nos Cours de Parlement, Maîtres des Requestes Ordinaires de nôtre Hôtel, Grand Conseil, Prevost de Paris, Baillifs, Senéchaux, leurs Lieutenans Civils, & autres nos Justiciers qu'il appartiendra ; SALUT. Claude Prudhomme Libraire à Paris, Nous ayant fait exposer qu'il desireroit donner au public l'impression d'un Livre intitulé *Le Jardinier Botaniste, ou la maniere de cultiver toute sorte de Plantes médecinales, Fleurs, Arbres & Arbustes, avec l'explication de leur usage en Médecine ; ensemble toutes les Plantes étrangeres qui peuvent être propres pour l'embellisse-*

ment des Jardins, le tout par ordre Alphabetique, par le Sr BESNIER; S'il nous plaisoit lui accorder nos Lettres de Privilege pour ladite Ville de Paris seulement: Nous avons permis & permettons par ces Presentes audit Prudhomme de faire imprimer ledit Livre, en telle forme, marge, caractere & autant de fois que bon lui semblera, & de le vendre & faire vendre par tout nôtre Royaume pendant le tems de quatre années consecutives, à compter du jour de la date desdites Presentes. Faisons défenses à toutes sortes de personnes de quelque qualité & condition qu'elles soient, d'en introduire d'impression étrangere dans aucun lieu de nôtre obéïssance; & à tous Libraires, Imprimeurs & autres, dans ladite Ville de Paris seulement, d'imprimer ou faire imprimer ledit

Livre, & d'y en faire venir, vendre & debiter d'autre impreſſion que de celle qui aura été faite pour ledit Expoſant, à peine de confiſcation des Exemplaires contrefaits, de mil livres d'amende contre chacun des contrevenans; dont un tiers à Nous, un tiers à l'Hôtel-Dieu de Paris, l'autre tiers audit Expoſant; & de tous dépens, dommages & intereſts: A la charge que ces Preſentes ſeront enregiſtrées tout au long ſur le Regiſtre de la Communauté des Imprimeurs & Libraires de Paris, & ce dans trois mois de la date d'icelles; que l'impreſſion dudit Livre ſera faite dans nôtre Royaume & non ailleurs, & ce en bon papier & en beaux caracteres, conformément aux Reglemens de la Librairie; & qu'avant que de l'expoſer en vente, il en ſera mis deux Exemplaires dans nôtre Bibliotheque publique, un dans celle de nôtre Château du Louvre, & un dans celle de nôtre tres-cher & feal Chevalier Chancelier de France le Sieur Phelypeaux Comte de Pontchartrain, Commandeur de nos Ordres, le tout à peine de nullité des Presentes; du contenu desquelles vous mandons & enjoignons de faire joüir l'Exposant ou ses ayans cause pleinement & paisiblement, sans souffrir qu'il leur soit fait aucun trouble ou empêchement. Voulons que la Copie desdites Presentes qui sera imprimée au commencement ou à la fin dudit Livre, soit tenuë pour dûëment signifiée; & qu'aux Copies collationnées par l'un de nos amez & feaux Conseillers & Secretaires, foi soit ajoûtée comme à l'Original. Commandons au premier nôtre Huissier ou Sergent de faire pour l'execution d'icelles tous Actes requis & neceſſaire, ſans autre permiſſion, & nonobſtant Clameur de Haro, Chartre Normande & Lettres à ce contraires : CAR tel eſt nôtre plaiſir. DONNE' à Verſailles le ſeptiéme jour de Septembre l'an de Grace mil ſept cens quatre, & de nôtre Regne le ſoixante & deuxiéme. Signé, Par le Roy en ſon Conſeil, LE COMTE. Et ſcellé du grand Sceau de cire jaune.

Regiſtré ſur le Livre de la Communauté des Libraires & Imprimeurs, N°. 270. page 372. conformément aux Reglemens, & notamment à l'Arreſt du 13. Aouſt 1703. A Paris ce vingt-deuxiéme Novembre 1704.

Signé, P. EMERY, Sindic.

TABLE DES MATIERES DU SECOND LIVRE.

A.

B.

C.

D.

E.

TABLE

F.

G.

H.

I.

L.

M.

N.

O.

O.

P.

R.

S.

Y.

Fin de la Table des Matieres.

TABLE
ALPHABETIQUE
DES PLANTES, FLEURS, Arbres & Arbrisseaux contenus en ce Livre.

A.

TABLE

B.

C.

G.

H.

I.

L.

M.

N.

O.

Q.

R.

S.

Y.

Fin de la Tale des Plantes.

Fautes

Fautes à corriger.

PAge 16. tou- , *lisez* toutes.
P. 28. Accacia , *l*. Acacia.
P. 35. Alternus , *l*. Alaternus.
P. 73. Azedarak , *l*. Azedarach.
P. 82. Blattaire , *l*. Blataire.
P. 110. Esclaire , *l*. Eclaire.
P. 111. Poids Ciches , *l*. Poid Ciche.
P. 113. sur la fin de l'Automne *l*. sur la fin du Printems.
P. 126. Ctratesgus , *l*. Cratægus.
P. 132. Tennior , *l*. Tenuior.
P. 141. Doronie , *l*. Doronic.
P. 160. Fritillaire , *l*. Fritilaire.
P. 181. Vadice , *l*. Radice.
P. 195. Lamsana , *l*. Lampsana.
P. 283. Rhababarum , *l*. Rhabarbarum.
P. 286. Guarance , *l*. Garance.

www.ingramcontent.com/pod-product-compliance
Lightning Source LLC
Chambersburg PA
CBHW061109220326
41599CB00024B/3970